U0040191

交通工具
修理DIY

阿部よしき◎監修

陳玉華◎譯

有一次，因為車子的發電機壞了，我將車子送去給經銷商修理。在我將車子交給對方兩天之後，車子就修好了。因為是又快又確實。但是其中有一件事很令人在意。那就是，在取車時收到的作業明細表上，竟然寫著「更換發電機」。原來並不是「修理」，而是「更換」啊？我心裡頓時湧起這個疑問。幾天後，剛好又有機會去經銷商那裡，於是我隨口問業務員這件事，結果對方告訴我說「直接換新的比修理還要便宜。」

事實上，在科技發達的現在，常有「換新的比修理還要便宜」的狀況發生。其中，錄放影機及電視等就是最具代表性的例子。如果我們拿維修費用來買新的，往往可以多買好幾台。

但是，靠自己的雙手修理所獲得的不只是金錢及時間而已，還有對物品的愛惜之情。過去有一段時間，我都是親手修理我那輛廉價購買的車。而那一種在不斷嘗試失敗後，終於修理好的感動，是我至今都無法忘懷的。

社會風潮已經從過去的「壞了就修理」發展到現在的「壞了就換新的」，但是，我卻衷心希望各位能夠體驗這種親手修理的喜悅與充實感。

我希望在書店裡拿起這本書的您，今後能利用一點點時間，靠自己的雙手修理自己的物品，體驗這種將物品修理好的感動。

修理絕對不是一件困難的事。只要一根螺絲、鎖緊一個螺帽就夠了。剛開始的時候，只要從簡單、自己可以完成的作業著手就行了。而在下一次的機會到來時，就挑戰比前一回稍微高一些難度的作業。我相信你的世界一定會比現在更開闊。在此要提醒各位的是，這其中也包含一些比較危險的作業，希望各位也要顧慮安全，並自我負責地進行符合能力的作業。

阿部よしき

圖解交通工具修理 DIY

第二章 機車

放掉煞車管路的空氣

第三章 脚踏車

107

6

工 具 介 紹

梅花扳手

使用於轉動螺帽的工具。梅花扳手的兩端為圓形且尺寸不同，尺寸越大，越好施力。

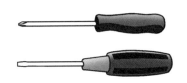
螺絲起子

主要用來鎖螺絲的工具。有十字起子和一字起子兩種，可依據螺絲尺寸選擇使用。另外還備有各種長度，可以選擇適合作業的長度。

棘輪扳手

搭配套筒扳手，附把手的工具。可以將套筒插入使用，可以以開關切換左右旋轉。作業速度比梅花扳手還要快。

套筒扳手

主要適用於六角形螺帽。一般都和棘輪扳手搭配使用。規格上有公分和英寸的差別，要特別注意。

鉗子

用來夾住、剪斷、轉動等作業。用手握住以進行作業的工具有尖嘴鉗、剪鉗、老虎鉗等。一般車輛配備的工具箱裡都有尖嘴鉗。

六角扳手

由六角形的金屬棒彎曲90度的工具。使用於有六角形開孔的螺栓，而不使用於螺絲及螺帽。備有不同尺寸，多以整套的方式販售。

延長桿

放入套筒扳手與棘輪扳手之間，作為延長用的棒子。要處理深處的螺帽時所使用的工具。長度有很多種，可依據不同作業場所分別使用。

火星塞扳手

拆除火星塞的專用工具。前端的管子裡有橡膠，可以將拆下的火星塞予以固定後拿起來。雖然是專業工具，有了它會更加方便。

活動扳手

用途和螺絲扳手相同，但前端的開口可以轉動調整大小，因此可以處理的螺帽尺寸範圍相當廣。有許多形狀相同，卻大小不一的尺寸可供選擇。

複合扳手

是由梅花扳手與螺絲扳手結合在一起的工具。複合扳手的特徵在於左右的尺寸是相同的。市面上通常都是將好幾支不同尺寸的扳手搭配成一組販售。

圖　示　解　説

▶螺絲扳手／扳手
鎖緊或放鬆螺栓及螺帽等時所使用的工具。

▶螺絲起子
有一字形與十字形，在轉動螺絲時使用。

▶鉗子
有老虎鉗、剪鉗、尖嘴鉗等的工具類。

其他 ▶其他
除了潤滑劑、補土、耗材等作業時所需的材料、用品、資材之外，還包含特殊工具及有限定使用場所的工具。詳細需求會在「CHECK POINT」部分另行說明，此外還會補充工具價錢及購買處。

▶套筒扳手
使用於螺栓、螺帽的工具，與棘輪扳手搭配使用。

第一章

汽車

主要部位的名稱

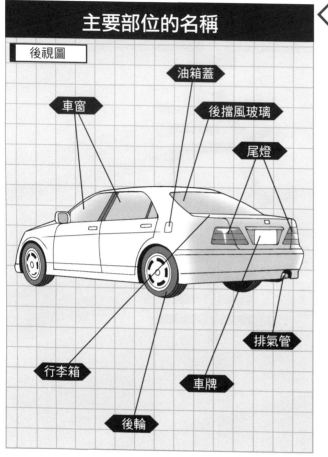

後視圖

油箱蓋

車窗

後擋風玻璃

尾燈

排氣管

行李箱

車牌

後輪

汽車大致可分為動力部分（引擎）、外裝、內裝。外裝指車身以及所有從外觀可見的零件設備。外裝需要修理的部分以塗裝面、燈罩、方向燈、門把、保險桿等最具代表性。

以上部位都有更換新品以及修理等兩種方法可選擇。其中最常見的狀況就是車燈的燈泡壞了。燈泡損壞時，只要將壞掉的燈泡換掉就行了，是一項很單純的作業。相反地，車身的塗裝烤漆及修理車身凹陷等的作業層級就比較高，但也絕非外行人無法處理的作業。不過，完工的狀況會因為個人的知識與技術，而有很大的差異。話雖如此，外裝部分除了板金與塗裝烤漆外，都只需要較簡單的作業就可以改善狀況，希望各位一定要試著挑戰看看。

除了外裝部分，接著就是引擎

10

主要部位的名稱

前視圖

雨刷　方向盤　後視鏡　前擋風玻璃　引擎蓋　頭燈　門把　車牌　車門　前輪　方向燈

和內裝。引擎必須在開啟引擎蓋的狀態下進行作業。不過，作業的主要項目是更換及維修引擎附屬的零件，而非修理引擎，如果要修理引擎內部，需具備相當專業的知識與完善的設備。

內裝設備是指使用頻率最高的車內空間，故需要仔細地維修。每一款車種的細部設計都不同，但在方向盤、座椅、儀表板、排檔桿、汽車音響、踏板等的構造上，則是每一款車種都一樣。而內裝設備的特徵就是在更換、修補、清掃、維修等的作業項目上是最豐富的。就像室內被稱為居住空間一樣，這裡是人們長時間停留的空間，因此必須確實進行修理、清掃，這樣在駕駛與乘坐時才會覺得舒適。修理與清掃可以說是延長汽車壽命的最大重點。

車身凹陷

用補土填平

需要的物品

其他

難易度　★　★　★

準備工作決定成果

用水清洗車身後，再用乾布擦乾以去除欲修理部分的油脂，接著還要進行除油作業。除油作業完成後就要使用補土處理，而為了提升補土的黏著性，必須先用水砂紙進行「羽狀邊研磨」的作業。當凹陷的周邊整體研磨到出現白色時，就可以用補土填平

3

用刮刀整平

將專用補土放到凹陷部位，不要放太多，以目視檢查，只要有稍微隆起就可以了。

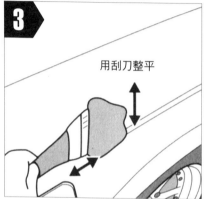

1

用乾布仔細擦要修理的位置

完全去除凹陷周邊的油脂，可以提高補土的黏著性。

CHECK POINT!

事先掌握使用材料的特性

羽狀邊研磨作業用的水砂紙要使用1000號，並頻繁地沾水使用。使用時力道要適中，以免讓凹陷部位出現細微的傷痕。補土在乾燥的狀態下會收縮，因此在最初的階段中，補土要比車身表面稍微隆起一點。

●所需物品──水砂紙（一張50元左右。可在汽車用品店、五金行、大賣場購買）

2

水砂紙

用水砂紙確實研磨凹陷部位的周邊直到整體出現白色就可以了。

凹陷部分。

謹慎地整平補土

等補土完全乾掉後，接著要配合車身的表面將補土磨平，這項作業非常重要。這時候要使用水砂紙，一開始先用顆粒較粗的，然後漸漸改為顆粒較細的。

不要一口氣就磨平整片面積，要在確認補土狀態的同時，仔細地將補土磨平至與車身融為一體的程度。如果要修補平面，可以用水砂紙包住木片再使用。

完工階段要使用補土底漆噴罐

補土研磨作業結束後，要噴上一種叫做補土底漆的噴漆。這種噴漆的功能是要讓接下來的塗裝效果更完美。如果噴太多，底漆會流下來，因此要分幾次重複噴。

研磨補土時，最重要的就是要配合車身的線條，謹慎、慢慢地研磨。特別是在曲線部分，要用手拿著水砂紙，每一次要研磨時，都要先確認，以免磨掉太多。如果是量販店販售的修補補土組，通常會附刮刀及夾板，是很方便的工具組。

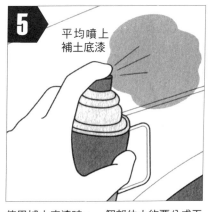

平均噴上補土底漆

使用補土底漆時，一個部位大約要分成五次來噴灑。

CHECK POINT!
如果要求完美，請直接找專業人員

修理凹陷所需要的工具有去漬噴劑、水砂紙、專用補土、補土底漆。此外，補土用的刮刀、攪拌補土的板子、研磨用的夾板等也可以在大賣場買到。由於這種作業的難度相當高，如果沒有自信，就交給專業人員處理。

●所需物品──補土底漆噴罐（大約200元，可在汽車用品店、大賣場購買）

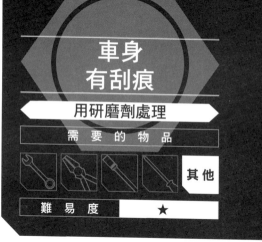

車身有刺痕

用研磨劑處理

需 要 的 物 品				其他

難 易 度	★

輕微的刮痕可以輕易消除

車身上的刮痕可以分為兩種，一種是表面的刮痕，另外一種是已經破壞烤漆面的刮痕。如果只是表面的刮痕，可以用研磨劑清除。如果是被釘子等刮傷的深刮痕，就必須重新烤漆。

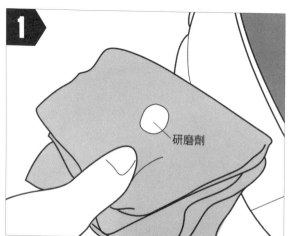

研磨劑

使用量販店販賣的清除刮痕用研磨劑。也可以用洗車用的固態蠟取代，但我認為液態研磨劑比較好用。要用研磨劑清除刮痕時，要先用水清洗後再開始作業，但注意不要讓附著的砂粒或塵埃弄傷車身。

CHECK POINT!

沒有光澤的車身無法進行作業

車身烤漆會在漆料上做兩種處理，一種是稱為透明漆的光澤，另外一種是具有保護作用的鍍膜。這個透明漆的漆膜可以藉由使用研磨劑擦拭而清除刮痕，但舊車經常會有透明漆已經掉落的狀況。因此，這種車就不可以使用研磨劑。

●所需物品——研磨劑（大約300元，可在汽車用品店、大賣場購買）

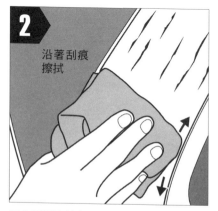

沿著刮痕擦拭

用布輕輕擦拭有刮痕的部位，只需用撫摸般的力道就夠了。

車身
有水垢

用研磨劑處理

需 要 的 物 品

其他

難 易 度　　　★

液態研磨劑很方便

要去除車身上的水垢，可以使用液態研磨劑。在量販店、汽車用品店等販賣的水垢清潔劑及蠟也有相同的效果。在清洗車身，完全擦乾水分後，再進行作業。注意不要用太多研磨劑。

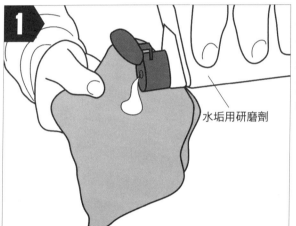

水垢用研磨劑

將適量的研磨劑或蠟沾在布上，擦拭水垢。水垢清潔劑可以在洗車的同時清除掉水垢，但無法去除頑垢。另外，如果是累積已久的水垢，還是要用液態研磨劑或蠟處理效果比較好。

CHECK POINT！ 嚴禁直接將研磨劑倒在車身上

嚴禁直接將液態研磨劑倒到車身。特別是白色的車身，如果直接將研磨劑倒上去，傾倒部位的水垢會全部脫落，而車身也會出現斑駁狀況。如此一來，就必須將整個車身都進行一次大整修了，所以要特別注意。
●所需物品──水垢清潔劑（大約300元，可在汽車用品店、大賣場購買）

將研磨劑沾在乾布上，輕輕地擦拭水垢。

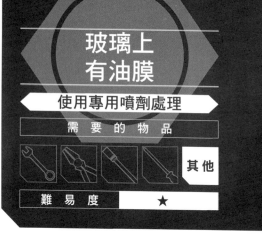

玻璃上有油膜

使用專用噴劑處理

需要的物品

				其他

難易度	★

先去除污垢再進行作業

前擋風玻璃上有油膜附著時，就會影響雨天視線。由於雨刷無法刮掉油膜，因此要使用專用的去油膜噴劑。首先，用水擦拭玻璃，或者用水清洗，再將水分完全擦乾。接下來就可以噴專用噴劑了。

1

去油膜噴劑

將在量販店購買的去油膜劑或玻璃清潔劑噴灑在玻璃上。這時候，不要一口氣噴灑大面積，而是要分成約50平方公分的範圍噴灑。這樣可以防止去油膜的泡沫在作業中消失。如果是轎車的前擋風玻璃，只要約分成三次噴灑即可。

CHECK POINT! 作業前先將玻璃清洗乾淨

如果要去除油膜，必須在使用專用噴劑前，先將玻璃上的灰塵污垢洗掉。如果不先清除玻璃上的污垢就進行作業，污垢會在擦拭的階段中損傷玻璃。前擋風玻璃雖然可抵抗強大的衝擊，但無法抵抗細微的顆粒。

●所需物品──去油膜噴劑（大約450元，可在汽車用品店、大賣場購買）

2

噴灑去油膜噴劑後，用乾淨的乾布擦拭，不要留下泡沫。

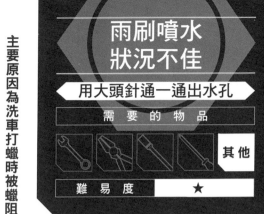

雨刷噴水
狀況不佳

用大頭針通一通出水孔

需 要 的 物 品

其他

難 易 度　　★

主要原因為洗車打蠟時被蠟阻塞

　如果覺得雨刷出水孔的噴水狀況不佳，就要先確認出水孔是否有異物阻塞。在洗車時如果有打蠟，蠟可能會塞住雨刷出水孔，如果沒有清除，乾燥後出水孔的排水狀況就會變差。記得要將阻塞的異物清除。

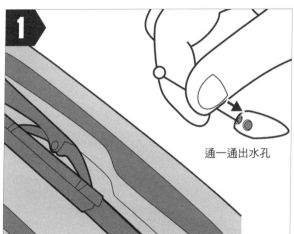

通一通出水孔

雨刷出水孔的出口是一個極小的洞。如果在洗車時有打蠟，蠟經常會塞住出水孔。另外，如果雨刷出水孔完全噴不出水來，也有可能是馬達或噴水管破損。不過，如果是出水孔塞住，只要用大頭針通一通出水孔，狀況就會有所改善。

CHECK POINT!
調整到具靈敏反應的出水位置

　用大頭針通出水孔後再調整出水方向。不過，調整出水孔的出水方向是一項非常精細的作業，只要調整一點點位置，出水方向就會產生相當大的變化。原則上，只要將兩個出水孔的出水方向分別調整到可以噴到雨刷的中間位置或前擋風玻璃的中央位置就可以了。
●所需物品──大頭針

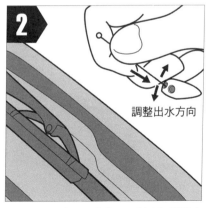

調整出水方向

用大頭針通出水孔之後，如果不把針拔出來，就可以調整出水方向。

雨刷刮水狀況不佳

更換雨刷橡膠條

需 要 的 物 品

其他

難 易 度　　★ ★

刮水狀況不佳，就要更換

雨刷是由刮除玻璃上的水的橡膠條以及支撐的雨刷片所構成，但橡膠條會隨著時間因劣化而出現裂痕，因此需要定期更換。更換時，只要握住橡膠條的一端，直接拉出來就可以從雨刷片上取下。最後再換上新的橡膠條就完成了。

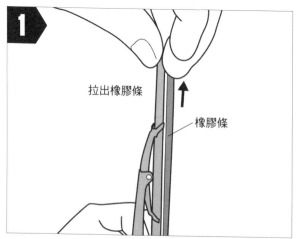

1

拉出橡膠條

橡膠條

只要從雨刷片上拉出橡膠條就可以了，注意：拉出的方向是固定的。在作業前，先確認要從哪個方向拉出。橡膠條會有一隻長長薄薄的金屬條相連接做支撐，這時候要一起拉出。

CHECK POINT! 不要買錯零件

市售更換用的橡膠條會因車商與車種而異，因此在購買時，要確定適合你的車款。另外，市面上販賣的雨刷更換零件有各種組合，因此，如果只想更換橡膠條時，要注意不要買錯。
●所需物品──雨刷橡膠條（大約350元，可在汽車用品店、大賣場購買）

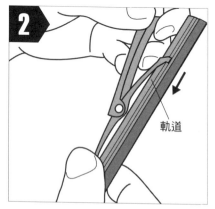

2

軌道

將要更換的新橡膠條與支撐的金屬條組合後，再順著雨刷片上的軌道放回。

雨刷擺動狀況不佳

更換雨刷片

需　要　的　物　品				其他

難　易　度	★ ★

取下用扣環固定的雨刷臂

更換支撐雨刷的支柱時，要先將雨刷臂舉起。舉起雨刷臂後，就直接將雨刷片與雨刷臂連接部位的扣環取下。接下來，再用扣環將新的雨刷片與雨刷臂固定。

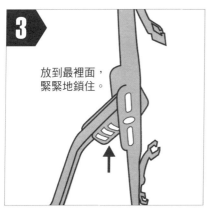

放到最裡面，緊緊地鎖住。

將雨刷片插入雨刷臂的扣環，使其固定。

將兩支雨刷臂都舉起來。後擋風玻璃的雨刷也採用相同的處理方式。

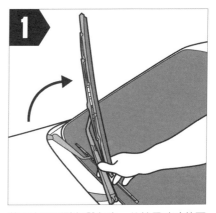

雨刷臂

取下雨刷臂與雨刷片中間的扣環，讓兩者分開。

CHECK POINT!

不同車種會有不同的安裝方式

有些車種的雨刷臂無法完全舉起來，這時候，只要讓雨刷臂稍微離開擋風玻璃就可以了。另外，扣環有可以直接與雨刷臂及雨刷片分離的類型，以及具有鎖緊功能的類型，但如果只是取下扣環，基本的作業程序就不會改變。

●所需物品──更換用雨刷片（大約200～500元，可在汽車用品店、大賣場購買）

更換後視鏡

用起子取下更換

需要的物品

其他

難易度 ★ ★

也可以只更換鏡子

這個方法是只將後視鏡的鏡子取下更換，但如果要用蠻力取下，鏡子可能會破裂，你可能因而受傷。因此，務必要用螺絲起子從鏡子下方插入，並利用槓桿原理取下鏡子。鏡子是用扣環扣住的，不需要太用力就可以取下。

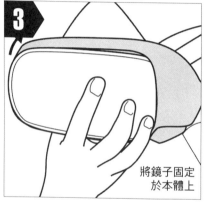

將鏡子固定於本體上

安裝的時候，要用手掌壓住扣環並固定。

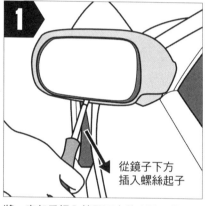

從鏡子下方插入螺絲起子

將一字起子插入鏡子下方的空隙，利用槓桿原理取下。

CHECK POINT! 鏡子有時候會突然破裂

目前車子的後視鏡幾乎都是和車門連在一起，因此鏡子破裂的原因有很多種。例如：撞到障礙物、因為扣環劣化而脫落、顛簸時的撞擊力所致等。如果更換整組後視鏡，就要多花零件費，但如果只更換鏡子，就可以用中古零件以合理的價錢完成修補。
●所需物品——後視鏡（請洽賣場）

鏡子的背面

扣環

鏡子的背面有安裝用的扣環，要先確認其位置。

油箱蓋
打不開

用老虎鉗撬開

需 要 的 物 品

其他

難 易 度　　　★

調整至適當的角度

用鉗子調整油箱蓋內側的扣環形狀，就可以重新順利開啟原本難以開關的蓋子。油箱蓋的構造很簡單，只是用扣環扣住而已，因此，只要一邊進行微調，尋找可以順利開關的位置就可以了。

檢查是否可以順利開關

調整後，用車內的開關或控制桿檢查能否正常開關。

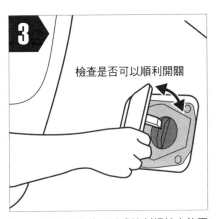

扣環

確認油箱蓋內側的扣環位置（損耗的部分是與鎖接觸的地方）。

CHECK POINT! 有時會因材質、形式、車種不同，而無法修理

　　每一款車的油箱蓋基本開關構造都相同，但扣環的材質卻有金屬製與塑膠製的分別。如果是金屬製的，只要稍微出些力，就可以使其變形，但金屬之外的材質都無法修理。如果扣環不是金屬製的，就不可以只調整扣環，而要從根部的鉸鏈調整扣環本身的位置，使其不與車身接觸。

用老虎鉗微調扣環的形狀，尋找可以順利開關的位置。

說 到修理汽車，一般人都會聯想到昂貴、大工程的作業。如果是要修理凹陷的車身或進行烤漆，修補一處的行情價大約是1500~2000元左右。但是，這是由專業師傅出馬的價錢。事實上，如果可以自己修理，只要花幾百元左右就夠了。但如果沒有具備相當的知識與經驗，當然就無法輕易完成。正因為如此，板金業與烤漆業才能成為一項行業。

不過，除了必須委託專業師傅處理的作業之外，汽車有許多地方都是外行人就可以自行修理的。而其中的更換耗材部分，更是有相當多作業是可以自己處理的。例如：更換機油、動力方向機油、來令片、煞車油、燈泡，以及輪胎調位等等。

如果委託店家更換，任何一項作業都需支付工資，但如果自己更換，就可以省下一筆錢。

自己修理，省下修車費

進行輪胎調位，可以延長輪胎壽命。

那麼，比較一下自己更換各種汽車用油、來令片、燈泡等，以及委託店家更換時的價錢，到底可以省下多少錢呢？平均來說，大約可以節省2000元。在這種不景氣的時候，如果可以省下2000元，我覺得那就真的應該自己動手更換了。

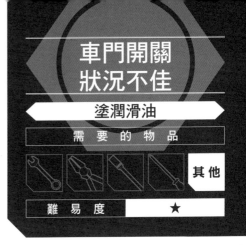

車門開關狀況不佳

塗潤滑油

需要的物品				
🔧	✂	▬	╱	**其他**

難易度	★

最初要多塗一點潤滑油

當門變重、或者在每次開關都會出現嘎吱聲時，只要在鉸鏈塗上潤滑油，就可以解決了。這項作業很簡單，只要在連接車門與車身的鉸鏈上全部塗上潤滑油就行了，所需要的作業時間只要約5分鐘。

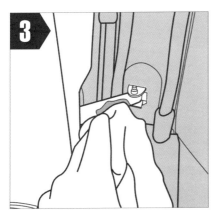

當車門的沈重感及嘎吱聲消除後，就用布將多餘的潤滑油擦掉。

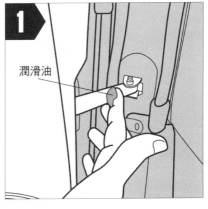

在鉸鏈上塗上滿滿的潤滑油。只要用手直接沾著潤滑油塗就行了，非常簡單。

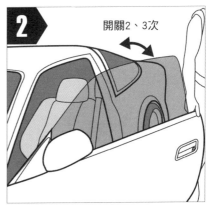

開關2、3次

在鉸鏈上塗好潤滑油後，將車門開關2、3次，讓潤滑油滲進去。

CHECK POINT! 不用潤滑劑，要用潤滑油

當可動部位的動作狀況變差時，就會想用噴霧式的潤滑劑噴一噴。但請不要使用潤滑劑。因為如果使用噴式潤滑劑，在過一段時間後，潤滑劑就會蒸發乾掉，狀況也會再出現。此外，如果在原先塗有潤滑油的位置噴上潤滑劑，會讓潤滑油也跟著融化，這點要特別注意。

●所需物品——潤滑油（大約200元以上，可在大賣場購買）

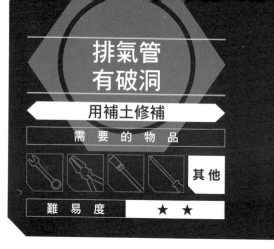

如果是小洞，就可以填補

　　金屬製的排氣管在使用一段時間後會劣化，有時候會在焊接的部位出現破洞。如果是直徑3公分左右的小洞，可以用專用的金屬補土修補。大致的作業流程為：用鋼刷刷除破洞部位的鐵鏽。然後，將補土放到破洞填補。

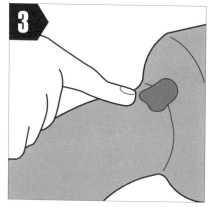

在補土完全乾掉之前，確認破洞有沒有確實修補好。

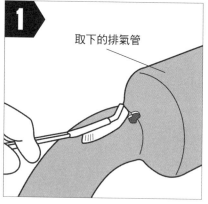

如果有鏽附著在上面，補土就無法附著，因此要用鋼刷將破洞附近的鏽刷除。

CHECK POINT!

排氣管由三個零件構成

　　排氣管通常由前管、中管、消音器等三部分組成，分別由螺栓連接在一起。只要將螺栓拆除，就可以將排氣管分開，但這項作業是在汽車底下進行的，因此要非常注意（參考P60）。

●所需物品——修補用金屬補土（大約600元，可在汽車用品店、大賣場、量販店購買）

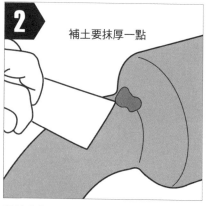

補土要抹厚一點

將補土放到破洞處，面積要可以塞住破洞才行。稍微抹厚一點，效果會比較好。

靠排氣管的熱氣讓補土變硬

放置適量的補土到破洞的位置，並確認是否有將破洞確實塞住。如果發現破洞沒有全部塞住，就要再增加補土。

修補排氣管用的補土有一項特徵，就是它在常溫下不會立刻硬化。但只要發動引擎，讓排氣管溫度升高，補土就會因為熱度而開始硬化。

硬化後再確認一次

發動引擎後，稍微等一下，讓補土完全乾燥。補土乾掉後，讓引擎持續發動，最後再確認修補的地方是否會漏氣。將手靠近排氣管，但不要碰觸到，只要沒有感覺到漏氣，作業就完成了。萬一還會漏氣，就再添加補土一次。

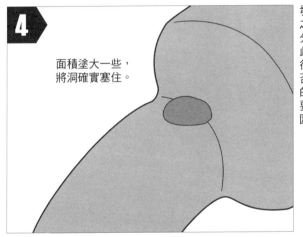

4

面積塗大一些，將洞確實塞住。

發動引擎後，在補土硬化之前，只要花約短短的十分鐘，補土就會乾掉。由此可知，在用補土修補後，用目視確認破洞是否有完全塞住是非常重要的。為了防止補土剝離，要將補土塗得比破洞的範圍還要大一些。

CHECK POINT! 洞太大時 要以焊接處理

修補排氣管的洞是比較簡單的，但最多只能修理50元硬幣大小的破洞。如果破洞比這個大，就必須更換排氣管或者用焊接的方式修補。另外，在準備作業時，可以先用鋼刷清除鐵鏽，這樣修補後會更堅固。

●所需物品——鋼刷（大約100元，可在汽車用品店、大賣場購買）

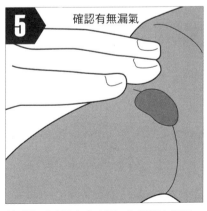

5 確認有無漏氣

將手放到破洞上方確認，如果沒有漏氣，就算完成。確認時，小心不要燙傷手。

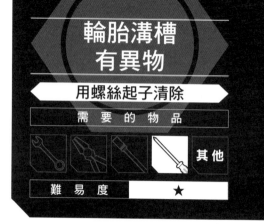

輪胎溝槽有異物

用螺絲起子清除

需要的物品

其他

難 易 度	★

觀察輪胎的接地面

如果輪胎溝槽卡住小石頭等，會在汽車行走中，出現震動的感覺。這時候要確認四個輪胎的接地面，如果輪胎溝槽卡住石頭等異物，就用一字起子將異物去除。

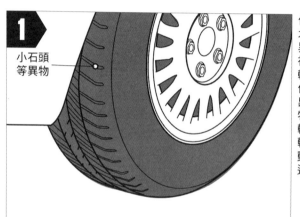

1

小石頭等異物

任何一種輪胎一定都有排水用的溝槽，而小石頭等異物經常會卡在這些溝槽裡。洗車時，要順便檢查輪胎，如果發現有異物卡住，就將輪胎轉到容易取出異物的位置。在確認異物的位置後，如果是在後輪，就移動車子，讓輪胎轉動。如果是前輪，就轉動方向盤，讓作業更容易進行。

CHECK POINT!

確認卡住的異物種類

如果是小石頭等卡住溝槽，就可以用螺絲起子去除，但如果是釘子或金屬片等刺到輪胎，就不要勉強拔除。如果只是卡住溝槽，輪胎本身就不會受到損傷，但如果是刺入輪胎，就會因為異物的拔除而使輪胎漏氣、爆胎。因此，如果有大型異物刺入輪胎時，就將車子送到修車廠去處理。

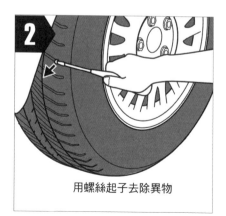

2

用螺絲起子去除異物

將螺絲起子的前端插入有異物卡住的溝槽，直接挖掉。

輪胎充氣

拿掉氣閥蓋

需要的物品

其他

難易度　★

空氣從氣閥灌入

輪胎的空氣可以從輪圈上的氣閥灌入。拿掉金屬或者橡膠製的氣閥蓋，將灌氣的工具前端插進去。最後灌入汽車說明書上所規定的胎壓後，就將氣閥蓋確實鎖緊。

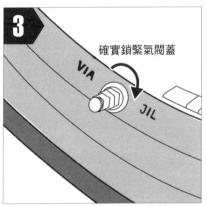

3 確實鎖緊氣閥蓋

VIA

JIL

灌氣結束後，要將氣閥蓋鎖緊，以避免在汽車行走中脫落。

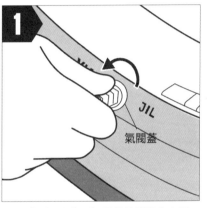

1 氣閥蓋

VIA

JIL

用手鬆開氣閥蓋。氣閥蓋的材質有金屬、橡膠、塑膠等。

CHECK POINT! 事先確認所需胎壓的數值

打開駕駛座的車門，會發現有一張貼紙，上面寫著適當的胎壓的數值。平均的胎壓約為2.0kg～2.5kg，只要用一種名為胎壓計的工具，就可以正確測量出胎壓。胎壓不管是過高或過低，都可能會造成爆胎。

●所需物品──充氣機（加油站裡都有設置）

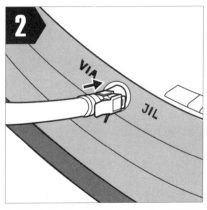

2

VIA

JIL

將灌氣工具的前端插入氣閥。當氣閥有鎖緊功能時，就要使用。

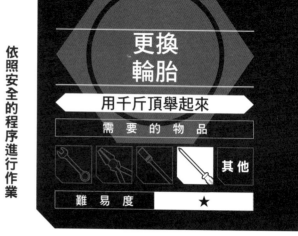

更換輪胎

用千斤頂舉起來

需 要 的 物 品

其他

難 易 度　　★

依照安全的程序進行作業

要用千斤頂舉起將近2噸的汽車時，用安全的方法進行作業是非常重要的。首先將要更換的輪胎螺帽全部鬆開。接下來，將千斤頂放到規定的位置，將汽車舉起，讓輪胎離開地面。然後，將所有螺帽完全取下，小心保管，不要遺失。

3

輪胎完全浮起後，將螺帽全部取下，並將輪胎卸下。

1

使用專用扳手，將固定輪胎的螺帽往逆時針方向轉後全部鬆開。

CHECK POINT! 在用千斤頂舉起前，先鬆開螺帽

輪胎的螺帽鎖得非常緊，當用千斤頂舉起車子後，輪胎就會空轉，這時候會很難將螺帽取下。因此，要在用千斤頂舉起車子前，先將螺帽鬆開。另外，在用千斤頂舉起車子後，可以將輪胎放到車體下方，預防千斤頂傾倒造成危險。

●所需物品──千斤頂

2

在平坦的地方用千斤頂舉起來

將千斤頂放到車體下部的千斤頂點，將車子舉起，讓輪胎離開地面。

輪胎非常重，要謹慎作業

將螺帽全部取下後，就可以更換輪胎。每一個輪胎都重達10kg以上，因此，一定要用雙手支撐住，將輪胎往外側拉，然後再取下。在將輪胎取下時，要一口氣拆下，才不會破壞螺栓的螺紋。

更換完成後，不要忘記做最後確認

更換輪胎後，就將螺帽安裝回去。在用千斤頂舉起的狀態下，無法完全鎖緊螺帽，因此這時只是稍微鎖上而已。

將所有螺帽全部稍微鎖上後，就將車子放下，等輪胎接觸到地面後，再將螺帽鎖緊。這時候，不要依序鎖緊螺帽，而要以對角線的順序為原則來進行這項作業。

取下輪胎時，要一口氣用雙手取下，不要讓沈重的輪胎損害螺紋。

在千斤頂還未移走的狀態下安裝輪胎時，螺帽只要稍微鎖上就可以了。

當千斤頂拿掉，輪胎接觸到地面後，就用專用扳手，以適度的力道鎖緊螺帽。

CHECK POINT! 事先記住工具的用法

任何一種車都備有更換輪胎的工具，只要在平時先掌握收納位置與使用方法，就可以在緊急時順利進行作業。另外，鎖螺帽時要用扳手，只要在轉不動的位置再慢慢出點力鎖緊就可以了。如果可以的話，用扭力扳手鎖螺帽是最理想的。

●所需物品──十字扳手

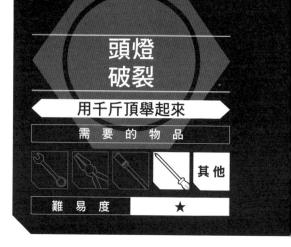

破損就要更換

頭燈有玻璃製與塑膠製兩種。不論哪一種，只要破裂或有裂痕，就需要更換，記住不要使用已經破損的車燈。

一般前面左右的兩個頭燈的形狀多少會有些差異，但拆裝的順序大致是相同的。

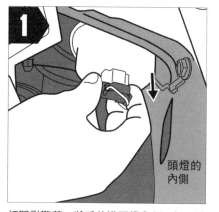

取下燈罩後，再取下透鏡部分，這時候要注意左右的扣環。

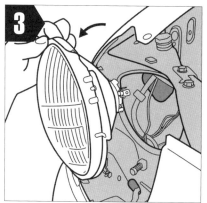

打開引擎蓋，將手伸進頭燈內側，拆下連接燈泡的配線。

頭燈的內側

CHECK POINT! 可縮式頭燈的作業程序不同

有些車種沒有頭燈罩，這時候可以直接取下頭燈。只要是支柱直接從頭燈伸出，並用螺絲固定，就可以視為沒有燈罩的車種。不過，如果是屬於車燈上下開閉式的可縮式頭燈車款，幾乎都是屬於在車燈開啟的狀態下拆除燈罩的類型。

頭燈的上側

取下固定住車燈玻璃（塑膠）部分的燈罩螺絲。

安裝順序剛好和拆除相反

安裝頭燈的順序只要和拆除時相反就可以了。一開始要將透鏡安裝到車身上，但如果是有燈罩的車種，就要將頭燈固定到車身上。由於頭燈還有分為使用螺絲和只是嵌上去的車種，所以在拆燈時，要先注意有沒有使用螺絲，這樣在安裝時，就不必煩惱這一點了。

鎖螺絲的力道要適度

將車燈透鏡固定後，就要安裝燈罩。這個燈罩大部分是塑膠製的，因此，如果在鎖螺絲時太用力，很可能會破裂，因此要特別注意。用螺絲起子鎖螺絲，轉動一次停住後，再往右邊4分之1的地方轉動一半的範圍，這樣是最理想的。

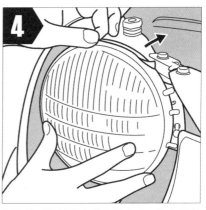

將透鏡以按壓的方式安裝上去。沒有螺絲的車種只要嵌上去就可以了。

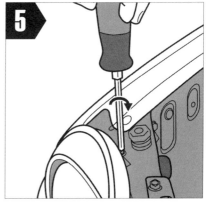

將燈罩嵌入車燈透鏡，用螺絲固定。

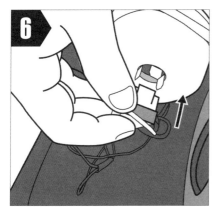

燈罩、透鏡都安裝好後，最後將絕緣電線的連接器插進去。

CHECK POINT! 調整光束要使用專用測試器

更換頭燈後，必須調整車燈照明的角度。車燈照射出的角度稱為光束，我們可以使用專用測試器來調整出正確的光束。當你自行更換車燈後，必須到維修工廠請專業師傅幫忙調整光束。

●所需物品——頭燈（價格依種類而定，可向經銷商購買）

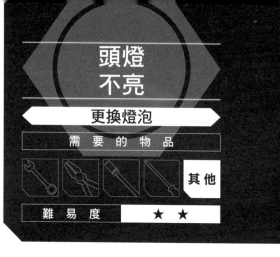

頭燈不亮

更換燈泡

需 要 的 物 品

其他

難 易 度　★ ★

空間狹小，作業要更確實

更換頭燈的燈泡時，必須要將手伸入車燈內側進行作業，因此，最好在作業前先將所有的流程都記住後再開始。

將插在車燈內側的電流用接頭拔除。然後，將燈泡往左邊轉，同時往前拉，這樣就可以將燈泡取下。

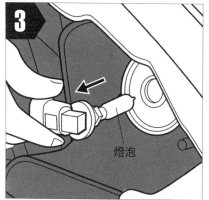

拿著燈泡，往外側直直拉出。由於空間狹窄，注意不要弄傷燈泡。

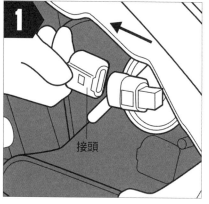

壓著固定用的扣子，並將連接著燈泡的電流絕緣電線的接頭拔出。

CHECK POINT!　各車種更換頭燈的流程不同

因車種不同，有些車子必須將頭燈整個拆下更換。特別是上下開閉式的可縮式車燈的車款，就必須將燈罩、透鏡一同拆下方可處理。另外，最近有不少HID燈與不需充電的燈泡非常精密，更換時要小心不要弄破了。

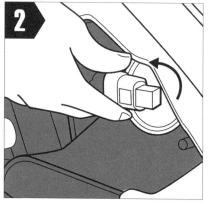

拔出接頭後，將燈泡往逆時針方向轉，鎖就會脫落。

作業時，不要碰撞到要更換的燈泡

　　將要更換的燈泡插入透鏡部位時，注意不要摸到燈泡玻璃的地方。這時候，可以戴上厚手套進行作業。

　　兩邊的燈泡是相同的，只要不是不同車種用的燈泡，就不拘左右的安裝位置。注意燈泡要確實往順時針方向轉並鎖緊。

接頭要確實連接

　　插入燈泡，將接頭安裝上去，作業便大致結束。由於作業空間狹小，手很難伸進去，因此要確認接頭有沒有確實地插到最裡面。如果接頭沒有確實固定，就會因為震動而出現接觸不良的狀況，這點要特別注意。接頭只要稍微用點力安裝，使其不會脫落，就沒有問題了。

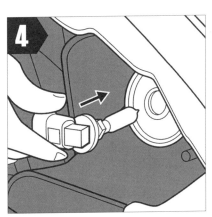

從車燈內側將燈泡插進去，注意不要傷及玻璃部分。

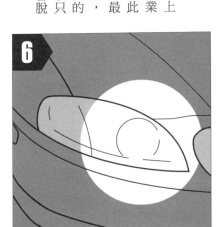

將連接器接上，作業就完成了。不過，記住要確認燈是否會亮。

固定燈泡後，將最初取下的接頭確實連接上去。

CHECK POINT! 燈泡嚴禁沾到油

　　更換頭燈的燈泡時，基本上只要拆裝燈泡、橡膠蓋、絕緣電線三種就可以了。不過，處理燈泡時要特別注意，如果光著手摸燈泡玻璃，油膜會附著在上面，使燈泡壽命變短。因為在點亮燈泡時，如果上面有油，溫度就會升高。

●所需物品──燈泡（可在汽車用品店購買）

需 要 的 物 品

確認螺絲的位置

一般車輛在後車牌的左右或上方會安裝燈泡，要先將燈泡的外罩取下。一個外罩通常有兩根固定的螺絲。將固定螺絲取下後，將外罩往外側拉，就可以取下。然後，就可以轉動燈泡、拔除並更換。

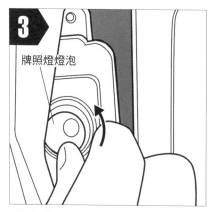

3

牌照燈燈泡

輕輕捏著燈泡，壓著往逆時針方向轉動半圈左右，這樣就可以輕鬆取下。

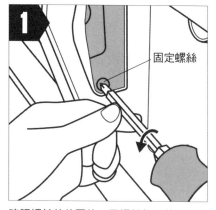

1

固定螺絲

確認螺絲的位置後，用螺絲起子將所有看得見的部位的螺絲都取下。

CHECK POINT! 壓著轉動是拆裝燈泡的訣竅

為了防止震動造成燈泡脫落，燈泡側設有小突起，而放燈泡側會有凹槽。因此，在拆除時，只要往裡面壓並往逆時針方向旋轉半圈左右就可以拆除。另外，在安裝時，小突起與凹槽要對準，然後壓著往順時針方向轉動。

●所需物品——專用燈泡（可在汽車用品店購買）

2

拆除外罩。當外罩很難取下時，可以用一字起子輕輕地撬開。

34

更換特殊的燈泡

用固定彈簧壓住燈泡

需 要 的 物 品

其他

| 難 易 度 | ★ ★ |

要先瞭解構造

汽車所使用的燈泡有好幾種，其所使用的位置與用途也各有不同。這裡要介紹的是大量用於霧燈等的「H3鹵素燈泡」。

由於燈泡部分只要用形狀複雜的固定彈簧壓住就可以，因此要事先弄清楚形狀與構造後再進行作業。

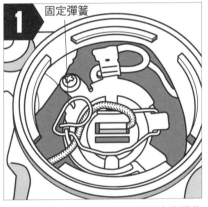

固定彈簧

壓住氣閥的固定彈簧的構造是從上方壓住氣閥底面。

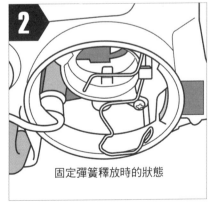

固定彈簧釋放時的狀態

拔掉氣閥就可以弄清楚固定彈簧的形狀。固定彈簧以單邊為支撐點，可以活動。

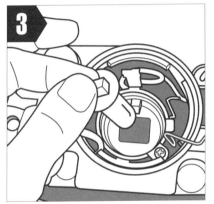

將固定彈簧拉起後，將燈泡直直拉出，注意不要弄傷氣閥的玻璃部分。

CHECK POINT! 掌握固定彈簧的複雜形狀

更換H3鹵素燈泡時，要先確實掌握固定彈簧的形狀與構造後再進行作業。如果只是隨性將其取下，那麼在安裝時，很可能會因為搞不清楚原來的形狀而無法修理。拆除燈泡時的作業慢慢進行即可，只要瞭解構造，錯誤就會減少。另外，要記住固定彈簧的構造是只要舉起單邊就可以了。

尾燈不亮

更換燈泡

需 要 的 物 品

| | | | | 其他 |

| 難 易 度 | ★ |

燈泡座與燈泡，兩種零件的組成

　　只要打開後車廂，就可以更換尾燈。尾燈內側有燈泡和燈泡座，要先轉動燈泡座並取下。然後，只要從取出的燈泡座上取下燈泡，就可以進行更換。

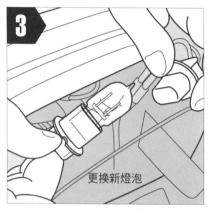

更換新燈泡

燈泡只是插入燈泡座而已，因此只要直接拉出來就可以了。

CHECK POINT!

注意尾燈背面的外罩

　　打開行李廂，從尾燈背面取出燈泡座與燈泡，不過，幾乎所有車種都會有一個外罩保護著。這個外罩只有一部份可以打開，以方便燈泡的更換。裡面有一個小門形狀的部分可以打開，有時候也可以從那裡取出燈泡座。

●所需物品——更換用燈泡（可在汽車用品店購買）

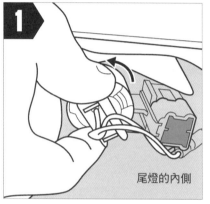

尾燈的內側

打開後車廂，捏著尾燈背面的燈泡座往左逆時針方向轉並取下。

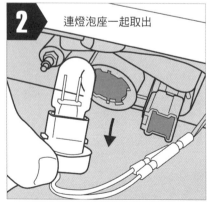

連燈泡座一起取出

只要往逆時針方向轉，鎖就會鬆開，然後就可以和燈泡一起取出。

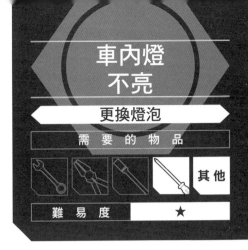

車內燈
不亮

更換燈泡

需 要 的 物 品

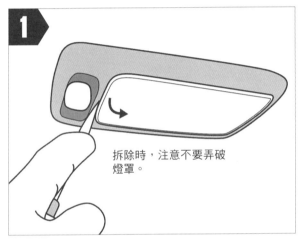

打開燈罩，取出燈泡

車內燈有燈罩，只要將燈罩拿掉，就可以更換燈泡。燈罩有拆卸用的切口。只要將一字起子的前端插入這個切口，打開燈罩，就可以將燈泡取出。將燈罩取出後，再更換新燈泡。

拆除時，注意不要弄破燈罩。

車內燈的燈罩有供拆卸用的切口，只要將一字起子的前端插入，就可以將燈罩取下。取下燈罩時，不要用力撬，只要稍微施點力，讓燈罩掀起來就可以了。燈罩是塑膠製品，注意不要太用力，以免弄破。

CHECK POINT!
使用車內燈專用的燈泡

　車內燈所使用的燈泡必須是左右都有接點的專用燈泡。雖然不是使用接頭或絕緣電線的類型，還是可以在汽車用品店買到。燈泡的左右側有正極與負極的接點，但在安裝時，卻不必區分燈泡的左右側，因為不管怎麼安裝，燈都會亮。

●所需物品──燈泡（可在汽車用品店購買）

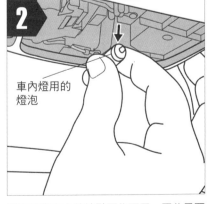

車內燈用的燈泡

燈泡只靠左右的接點壓住而已，因此只要拿著燈泡中間拔出就可以了。

方向盤要用一個螺帽固定

　喇叭鈕沒有使用螺絲類，僅用嵌入式或者扣環固定，因此可以輕易取下。方向盤只靠中間的螺帽固定，因此要用十字扳手轉動螺帽。這時候，要把主鑰匙拔掉，固定住方向盤，這樣可以更容易取下。

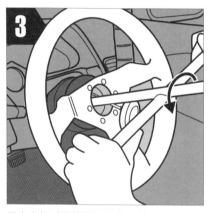

3

用十字扳手將螺帽拆除後，就可以將方向盤取下。

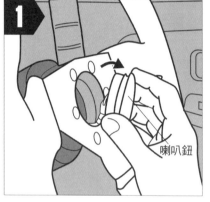

1

喇叭鈕

將喇叭鈕往外拉並取下，也可以用螺絲起子撬起。

CHECK POINT!　更換有安全氣囊的方向盤請找經銷商

　十字扳手只要使用更換輪胎相同的就可以了，那是最好用也最方便的工具。基於安全考量，方向盤都固定得相當緊，因此在取下螺帽後，必須一邊往左右轉動，然後往外側拉出。如果是有安全氣囊的方向盤，就要找經銷商處理。

●所需物品──十字扳手／方向盤（大約1000元起，可在汽車用品店購買）

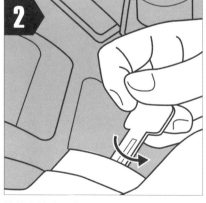

2

拔掉主鑰匙，將方向盤鎖住，這樣螺帽比較容易拆下。

更換排檔桿頭

用力握住轉動

需要的物品

其他

難易度　★

固定方式為螺絲式

手排的排檔桿頭採螺絲式，只要轉動就可以輕易取下。不過，一般都會用黏著劑固定，因此，第一次更換排檔桿頭時，要緊緊握住排檔桿頭，並往左邊轉動。只要轉動後就可以直接拔起來。

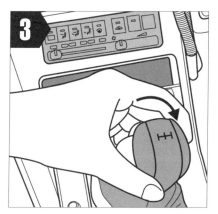

3 安裝時要往右邊轉。當上面有標示時，就要注意安裝位置。

緊握住排檔桿頭，往左邊轉動。由於有黏著劑，所以要相當用力。

CHECK POINT! 注意不要將排檔桿頭壓得太深

　拆卸完全不需要使用工具。更換時，如果將排檔桿頭壓得太深入，螺紋會受損，而無法牢牢固定。仔細察看排檔桿的類型，只要從排檔桿頭無法再轉動的位置稍微往右轉就可以固定得很牢靠。

●所需物品——排檔桿頭（大約1000元起，可在汽車用品店購買）

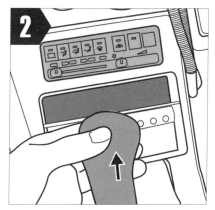

2 轉動後，就可以將排檔桿頭從螺絲部分拔出，因此可以直接往上拉起拆除。

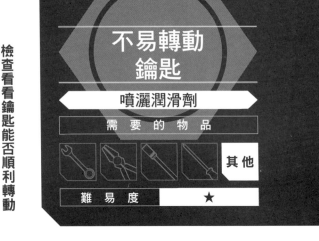

不易轉動鑰匙

噴灑潤滑劑

需 要 的 物 品				其他

難 易 度	★

檢查看看鑰匙能否順利轉動

車門、行李廂、油箱蓋等需要插入鑰匙的部位會因為經常轉動而使得該部位生鏽，導致鑰匙不易轉動的狀況出現。如果有這種狀況發生，只要分別在鑰匙與鑰匙孔上都噴灑潤滑劑就可以立刻改善。這就是作業重點。

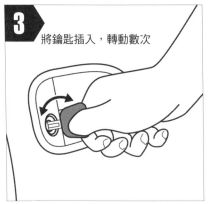

3 將鑰匙插入，轉動數次

插入鑰匙，左右轉動數次，讓潤滑劑散佈均勻，就可以順利轉動。

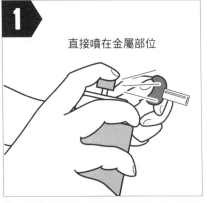

1 直接噴在金屬部位

均勻地將潤滑劑噴灑於鑰匙插入的金屬部位。

2 使用附噴嘴的潤滑劑

要在鑰匙孔內噴潤滑劑時，可以使用吸管狀的長噴嘴。

CHECK POINT!
沒有潤滑劑時，可以蠟燭為替代品

手邊沒有潤滑劑時，可以用蠟燭作為替代品，如此也可讓轉動不良的鑰匙恢復最佳狀況。只要準備家用蠟燭塗在鑰匙的金屬部位。這時候，只要在鑰匙兩面均勻塗抹，即使無法對鑰匙孔進行作業，也具有和潤滑劑相同程度的效果。

●所需物品——潤滑劑（可在大賣場購買）

點煙器
髒污

擦拭發熱部位

需要的物品

其他

難 易 度　　★

清潔前端

由於香菸會接觸到點煙器的前端，因此點煙器容易累積污垢。螺旋狀的金屬間會有菸葉阻塞並碳化，因此，只要發現有類似狀況，就要記得清潔。從插座將點煙器取下，用濕布清潔螺旋狀的金屬部位。

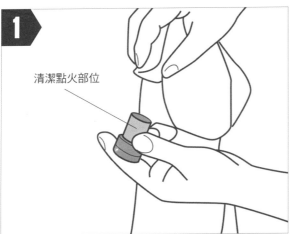

清潔點火部位

點火部位的金屬呈螺旋狀，菸葉會阻塞在縫隙間，如果放置不管就會出現碳化的情形，因此要用濕布纏住食指，清潔內部。如果卡有用濕布無法清乾淨的垃圾，就用尖細的鑷子等清除。

CHECK POINT! 點煙器也有壽命

通常點煙器會達到相當的高溫，因此，如果不將阻塞的垃圾清除，很可能會有著火的狀況。只要定期清除前端的點火部位，就可以常保安全地使用。不過，如果將點煙器按進去後，過了一段時間還沒有跳出來的話，就是完全損壞了。這時候，就要更換新的點煙器。

●所需物品——抹布

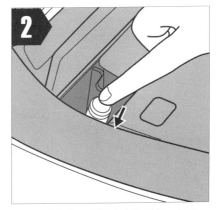

用濕布清潔後，要讓它完全乾燥。然後，將點煙器插入插座，確認能否點火。

車內
發臭

啟動空調

需 要 的 物 品

其他

難 易 度　　★

選擇車內循環啟動空調

要消除車內臭味，可以使用市售的汽車專用除臭劑。將所有車窗全部關緊，然後將空調的送風風量調到最大後，再設定為車內循環。接著，開始使用除臭劑，除臭劑使用完畢後，將窗戶打開約30分鐘讓空氣流通。

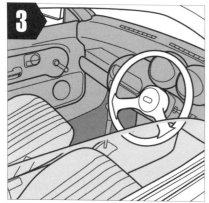

使用除臭劑後，將所有窗戶打開約30分鐘讓空氣流通。

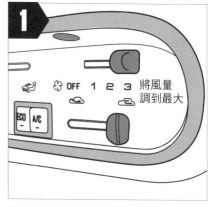

將風量調到最大

將空調風量調到最大，並設定為車內循環後，開始使用除臭劑。

CHECK POINT! 空調內部的霉菌也會造成車內發臭

市售的汽車專用除臭劑大多屬於會噴出含有除臭成分的煙霧的類型。這些除臭劑會將附著在座椅及內裝的臭味和空調內部的臭味一起消除。由於空調內部會附著水分，容易發霉，用煙霧除臭是最佳選擇。

●所需物品——煙霧除臭劑（大約200元，可在汽車用品店、大賣場購買）

在無人的狀態下使用

等車內無人時，將除臭劑放在副駕駛座或駕駛座下面，開始使用。

座椅發臭

用濕布擦拭

需要的物品

其他

難易度　　　★

清潔表面並除臭

座椅容易因為沾附汗水及香菸的煙臭而發臭，因此，要先用濕布將表面全部擦過。接著，清除表面的灰塵及污物，最後再噴灑除臭劑。如果有食物的污漬，就在噴灑除臭劑前先用抹布重點式地擦除，這樣臭味比較容易去除。

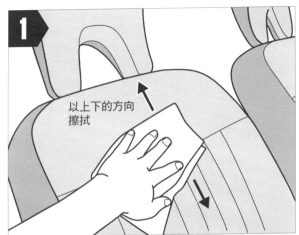

以上下的方向擦拭

如果是皮革製座椅，就在用水擦拭後，用乾布將水分全部擦乾。接下來，最好用皮革製品專用的清潔劑再擦一次。如果是布製座椅，就用扭得非常乾的濕布清除表面的污垢及污物。這時候，不要用力擦，只要由上往下地擦拭整個表面就可以了。

CHECK POINT! 清潔後務必讓座椅乾燥

清潔座椅後，一定要讓車內完全乾燥。特別是布製的座椅，如果有殘留的水分，就容易發霉。除了用水擦拭，在噴灑除臭劑後，也要將車窗及車門打開，開啟空調讓空氣充分流通，另外也別忘了除濕。

●所需物品──汽車抗菌除臭劑（大約250元，可在大賣場購買）

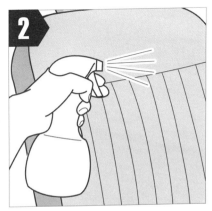

清潔座椅表面後，均勻噴灑市售的抗菌除臭噴劑。

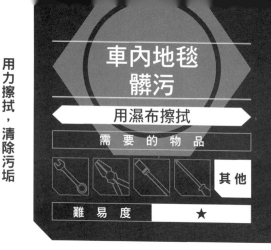

車內地毯髒污

用濕布擦拭

需 要 的 物 品			
			其他

難 易 度	★

用力擦拭，清除污垢

車內地毯非常地厚。一般都藏在腳踏墊下面。由於腳踏墊背面會隱藏泥垢及污物等，因此地毯總是比想像中還要骯髒。清潔時，將腳踏墊拿起，先將較大的垃圾撿起來，然後用濕布用力擦拭。

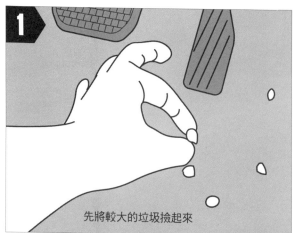

1

先將腳踏墊掀起來，再清掃車內地毯。平常雖然不會看見這個地方，但卻會積存不少鞋上的泥垢、小石頭、棉絮、食物殘渣等。在清潔地毯前，可以先將體積較大的垃圾撿起來，或者用吸塵器清除掉。

先將較大的垃圾撿起來

CHECK POINT!
污垢很嚴重時，就用刷子刷

車內地毯無法更換，如果弄髒就只能認真仔細地清掃。由於這個部位平常都藏在腳踏墊下，比較會被疏忽，但如果都不清掃，那就不只是污垢了，甚至還會發霉。當污垢很嚴重時，就用軟毛刷子先將污垢刷起來，然後再用濕布擦拭，如此污垢比較容易去除。

2

雨漬及污垢會滲入地毯的纖維部分，因此要用濕布用力擦拭。

腳踏墊髒污

用水清洗

需 要 的 物 品				
				其他

難 易 度	★

用水清洗

　　將腳踏墊拿到車外，用水將污垢沖掉。等腳踏墊含有適量的水分後，就將清潔劑均勻噴灑在腳踏墊上。接著，用較大的尼龍刷刷洗表面，然後將清潔劑沖掉。最後，等腳踏墊乾燥後，再放回車內即可。

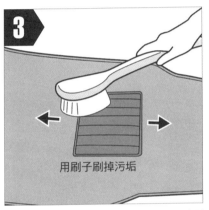

1 最初先用水沖洗

用水將腳踏墊全部沖濕，同時可以將上面的污物及污垢大致沖掉。

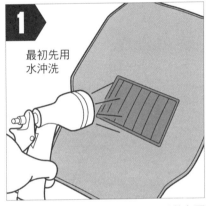

2 全部均勻地噴上清潔劑

噴上清潔劑，沒有噴劑時，就將清潔液直接倒在上面。

3 用刷子刷掉污垢

使用較大的尼龍刷，將表面上的污垢刷除。

CHECK POINT! 沾到水的金屬部位要確實擦乾

　　腳踏墊有橡膠製及地毯布料等，這兩種都可以用水清洗。清潔後，要等完全乾燥後，才可以放回車內，這樣就可以抑制臭味產生。有些腳踏墊上面有扣環，沾到水的金屬部分要確實擦乾。

●所需物品──尼龍刷（可在大賣場購買）

當愛車還是新車時，車內非常乾淨，也沒有臭味，但在經過一年後，就開始出現明顯的污垢。即使是只在週末才開動的車子，車內還是會超乎想像地骯髒，更遑論每天用來通勤的愛車。而造成車內骯髒的原因有很多，比如說：鞋子沾到的泥垢、水、香菸的煙灰、食物殘渣、汗水等等。

其中最髒的地方就是前擋風玻璃的內側。特別是當車上有人抽煙時，香菸的煙油漬會緊緊黏在上面。雖然眼睛看不出髒污，但只要用白色濕布擦拭玻璃內側，抹布一下子就會變成黑色的。此外，由於手很難伸進前擋風玻璃內側的下方，因此，大家經常會把這部分的清掃工作省略掉。如果你的車上經常有人抽煙，而且你已經很久沒有打掃過玻璃內側的話，請務必找機會打掃。

玻璃下方的狹窄空間可以利用螺絲起子裏著布擦拭整理，這樣每個角落都可以清掃

仔細清潔讓愛車煥然一新

將車內打掃乾淨，駕駛起來更舒服。

乾淨。只要能夠定期清理汗水、食物的臭味以及污泥等，就有可能維持和新車相同的狀況。

如果想要維持最佳的新車狀況，一定要禁止在車內吸煙、吃東西。另外，座椅要鋪椅墊，絕對不可以穿鞋子踩座椅。

座椅移動
狀況不佳

使用潤滑油

需　要　的　物　品				
				其他

難　易　度	★

在座椅軌道的裡側塗潤滑油

為了讓座椅順利前後移動，座椅軌道上原本就塗有潤滑油。當潤滑油乾掉，座椅就會變得很難調整，因此，要在將座椅分別調整到最前面與最後面的狀態下，在座椅軌道上塗潤滑油。

潤滑油塗好後，坐到座椅上，將座椅前後挪動，讓潤滑油均勻散佈。

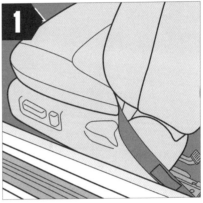

潤滑油

在座椅軌道與座椅的接觸面上，塗上滿滿的潤滑油。

CHECK POINT! 確認塗潤滑油的位置

　　手動座椅和電動座椅一樣都要塗潤滑油。移動座椅，看看座椅軌道的位置，等確認要在哪個部位塗潤滑油後，再進行作業。另外，記得潤滑劑只能使用於調整座椅的調整桿。
●所需物品──潤滑油（可在汽車用品店、大賣場購買）

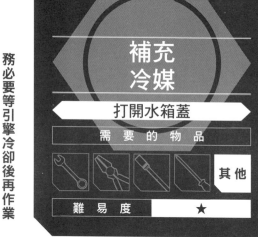

補充冷媒

打開水箱蓋

需要的物品				
				其他

難易度	★

務必要等引擎冷卻後再作業

冷媒會慢慢地蒸發、減少。

因此，大約每半年就要補充一次冷媒。不過，「在引擎冷卻的狀態下進行作業」是務必要遵守的原則。如果在引擎未冷卻時就打開水箱蓋，那麼沸騰的冷媒就會噴出來，相當危險。一定要特別注意。

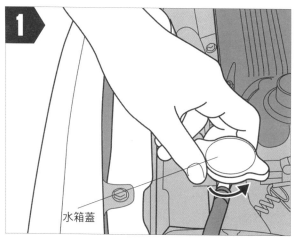

1

水箱蓋

打開引擎蓋，將水箱上方的蓋子往逆時針方向轉動取下（如果是卡車及箱型車等沒有引擎蓋的汽車，水箱蓋會在座椅下方）。這時候，如果蓋子還有一點點熱，就必須等到蓋子冷卻後再打開。

CHECK POINT! 只添加少量時，也可用自來水

為了讓冷媒在氣溫下降的冬天也不會結冰，在其中添加有防凍液。由於防凍液中摻雜酒精，所以不會結凍。不過，如果只是添加少量，也可以用自來水代替。每家車廠都有其指定使用的防凍液，在補充時，要事先確認清楚。

●所需物品——冷媒（可在汽車用品店、大賣場購買）

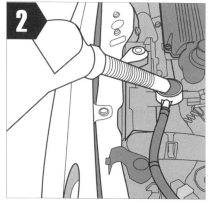

2

從上方看著水箱內，將冷媒從水箱上方注入直到可以看見液體表面。

扳起水箱的金屬鰭片

用螺絲起子修正

需 要 的 物 品

其他

難 易 度　★ ★

材質相當柔軟，處理時要小心

水箱、空調的冷凝器等都將非常柔軟的金屬做成羽狀，因此會在車輛行走中被飛跳而來的石塊等敲至變形。一旦變形，冷卻性能就會下降。此時，要用螺絲起子將變形的金屬鰭片扳回原狀，以維持冷卻性能。

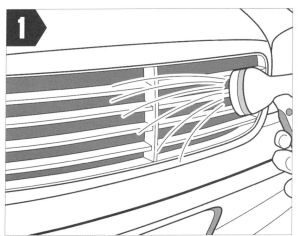

1

從汽車正面噴灑自來水將金屬鰭片上堆積的污垢及污物沖掉。由於空調冷凝器一般都設置在水箱前面，因此無法直接清洗。不過，可以將手伸進縫隙間，直接將污物或落葉等拿掉，不需要特別使用清潔劑等。

CHECK POINT!　不必修正完全變形的金屬鰭片

　水箱、冷凝器的金屬鰭片是非常薄弱的金屬，一般只要用指甲按壓，就會變形，因此，在作業時要非常注意。特別是已經嚴重變形，連螺絲起子都無法插入者、或者是已經碎裂者，這些都不要勉強處理，放著不管就可以了。如果勉強用螺絲起子插入，恐怕會連其他正常的金屬鰭片都弄壞掉。

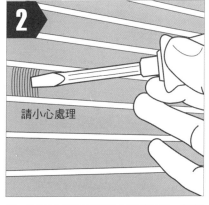

2

請小心處理

將一字起子插入變形的金屬鰭片間，慢慢地扳回原狀。

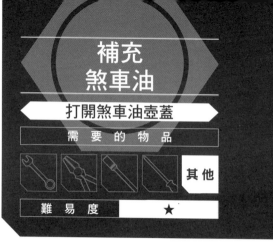

補充 煞車油

打開煞車油壺蓋

需 要 的 物 品

其 他

難 易 度　　★

確認煞車油的注入口

裝煞車油的容器設置在引擎室內。寫著「BRAKE FLUID」字樣的容器就是煞車油的注入口。油量會顯示在蓋子下方容器的刻度上，煞車油量必須介於MIN與MAX之間。

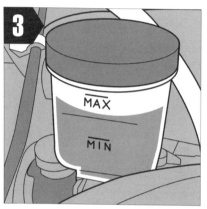

容器側面有容量刻度，以這個刻度為標準注入煞車油。

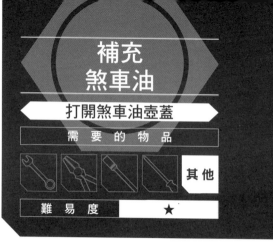

用手轉開裝著煞車油的容器蓋子。

CHECK POINT!　謹慎處理煞車油

一旦煞車油沾到烤漆面，沾到的地方就會溶解，因此要謹慎進行作業。萬一油溢出來，要趕緊用乾布擦拭。另外，煞車油具有吸水的性質，因此在作業時，要盡量小心處理。

●所需物品──煞車油（大約300元，可在汽車用品店、大賣場購買）

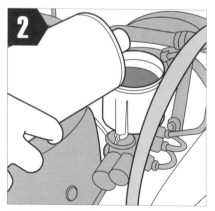

打開蓋子，直接將煞車油倒進去。

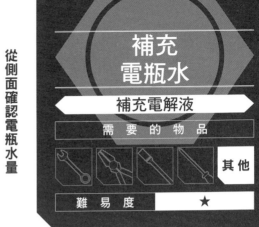

補充
電瓶水

補充電解液

需 要 的 物 品

其他

難 易 度　　★

從側面確認電瓶水量

電瓶內部裝有一種名為電解液的電瓶水，如果因為蒸發等而減少時，就要加以補充才能維持性能。用硬幣打開電瓶上方的數個注入口，注入電解液。注入量以電瓶側面可見的刻度為標準。

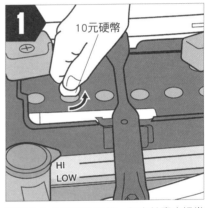

從電瓶側面的刻度確認電瓶水量，要讓所有的水量都一樣高。

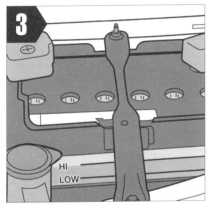

蓋子上有十字形的溝槽，但由於廣度相當大，使用10元或50元硬幣打開即可。

CHECK POINT! 首先確認電瓶水量

當電瓶的性能降低時，首先就要確認電瓶水量。電瓶水量適當，但性能卻降低時，就要更換電瓶了。另外，最近有一種叫做「免加水電瓶」的產品，由於這不需要加電瓶水，因此在作業前，請先確認愛車的電瓶是否需要加水。

●所需物品──電解液（大約20元，可在汽車用品店購買）

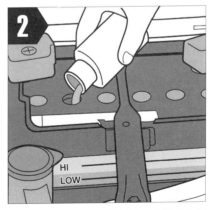

從每一個注入口注入電解液。注入口有好幾個，記得全部都要加水。

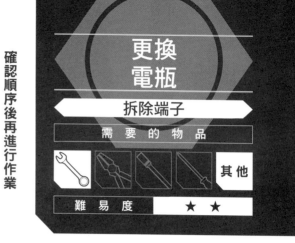

更換電瓶

拆除端子

需 要 的 物 品

				其他

難 易 度	★ ★

確認順序後再進行作業

確認電瓶的正極端子與負極端子。正極端子被樁頭覆蓋，上面有「＋」的符號，立刻就可以找到。為了避免短路，務必要從負極端子開始拆除。確認負極端子後，用梅花扳手拆除螺帽，然後再將搭鐵線從端子上取下。

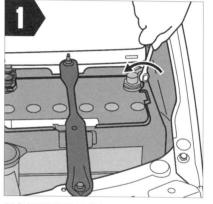

正極端子上幾乎都有樁頭覆蓋，因此要先將樁頭拿掉再拆除。

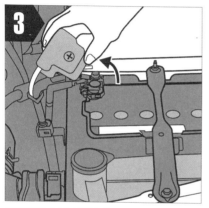

從負極端子開始拆除，否則恐怕會造成短路。

CHECK POINT!

處理電瓶水要特別注意

電瓶水為無色、無臭的硫酸，一沾到皮膚，就會造成燙傷、皮膚潰爛，因此要非常小心。如果沾到衣服或汽車座椅，也會造成褪色。萬一電瓶水沾到身體，要立即用清水沖洗。

●所需物品——電瓶（大約2000元起，可在汽車用品店、大賣場購買）

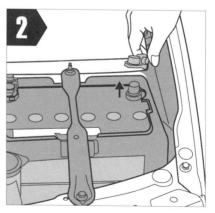

鬆開負極端子後往上拉起，拿開搭鐵線。

拆除固定夾

首先要將防止電瓶在汽車行走中移動的固定夾拆除。固定夾位於電瓶下方的托盤中，以「ㄈ」字形金屬從上方固定住。因此，只要將螺帽拆掉，就可以將電瓶取出。取出時請留意電瓶重量，要用雙手確實捧住，並往上方拿起。如果電瓶上有把手，就拉住把手往正上方拉出。

確實鎖緊固定夾

由於電瓶裡有電瓶水，在作業時，要讓電瓶盡量保持水平狀態。將電瓶放回原位後，就用固定夾固定，這時候要將固定夾的螺帽確實鎖緊。否則，如果電瓶在汽車行走中移位時，可能會造成意外。

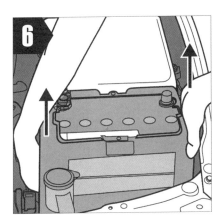

雙手平穩地將電瓶拿起。安裝的步驟和拆除時相反。

用梅花扳手鬆開正極端子的螺絲，往正上方拉起。

固定電瓶用的固定夾的螺帽也要用扳手拆除。

CHECK POINT! 使用梅花扳手或螺絲扳手

端子的螺帽在側邊不易施力處，因此拆除時，要用梅花扳手或螺絲扳手。不過，絕對嚴禁直接使用鉗子轉動螺帽。因為，如果用鉗子轉動螺帽，會很難施力，也很可能會損傷螺帽的稜角。另外，由於電瓶裡裝有電瓶水時具有相當的重量，因此在拆除時，要非常謹慎。

更換引擎機油

拆除端子

需要的物品

				其他

難易度　　★ ★

讓油更容易放出

首先打開機油蓋，這是為了讓機油更容易放出。接著，用梅花扳手鬆開引擎下方（機油槽）的洩油螺絲，將內部的機油完全放光。最後確實鎖緊洩油螺絲，確認機油不會再漏出。

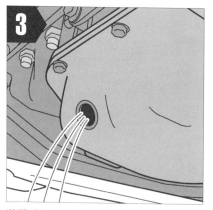

將機油完全洩光後，再確實鎖緊洩油螺絲。

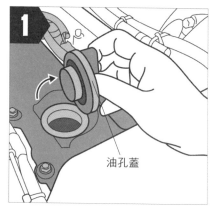

油孔蓋

打開引擎上方的油孔蓋。

CHECK POINT！ 在車體下安全進行作業

　車上配備的千斤頂是讓人更換輪胎時用的，穩定性非常差。如果要自己進入車體下方進行作業時，不要用車上配備的千斤頂，而要用專用的油壓千斤頂將車體舉起後，再放進馬椅支撐（參考P60）。

●所需物品──引擎機油（大約400元起，可在汽車用品店、大賣場購買）

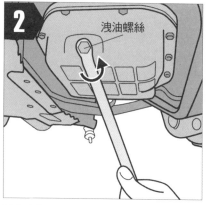

洩油螺絲

用梅花扳手鬆開洩油螺絲，往逆時針方向轉動，就可以取下。

慢慢地注入機油

機油完全洩光後，就從注入口開始注入新機油，最好使用專用的注油管，以避免油溢出。如果一口氣注入機油，可能會溢出來，最好慢慢地注入，一邊確認機油是否進入引擎內部。一開始要注入比規定量還少的機油，最後再補充不足的量。

用機油尺確認機油量

注入機油後，拉出機油尺，確認注入量。機油尺上刻有「HI」與「LOW」只要油量位於兩個刻度之間，就沒有問題。最後用乾布將洩油螺絲四周擦乾，確認機油不會洩出即可。

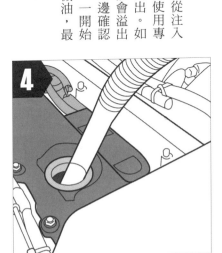

在確認機油進入引擎內部的同時，再一邊緩慢注入機油。

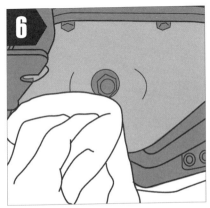

用布擦拭放油螺絲的四周，同時確認還會不會洩油。

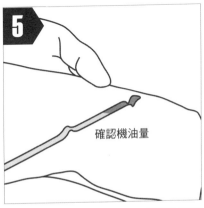

確認機油量

用機油尺確認注入的機油量，過與不足都不行。

CHECK POINT! 發動引擎，再度確認機油量

大致結束機油更換的作業後，不要直接開走，而要先發動引擎。發動約10秒後，再一次用機油尺確認油量。這是因為當發動引擎時，機油會散佈到細部，而使油量比剛加完機油還要少。發動引擎，再一次添加減少的機油量，如此就可完全補足。

關於修理愛車，一般人能夠做到什麼程度呢？從結論來說，即使不是專業師傅，只要有材料，任何作業都能夠自己動手進行。如果說還要再加些什麼東西的話，那就是「知識和技術」。或許有人會說：「那是必備的吧？」但在這個世界上，有很多非專業人士也都會抱持著興趣嘗試修理。不過，這到底是例外，大部分的人還是會委託專業人員修理。

因此，我們現在來想想，在現實中一般的車主能夠自行進行的作業到底是哪些？

首先，工具要使用廉價、可以輕易買到的。接下來就是可進行作業的時間與個人意願。如此一來，除了本書已經介紹的作業外，還有可能進行車門、行李廂、汽車音響的更換以及保險桿拆裝作業等。

相反地，一般車主較難自行處理的則有引擎和變速廂的拆裝、各部位的徹底檢修、

COLUMN

修理愛車可以做到什麼程度？

只要你願意多下點功夫，最後你甚至能夠動手修理引擎室。

玻璃嵌入、將輪胎從輪圈取下等。因為這些作業除了要有能將車舉起的起重機、輪胎更換器等機械設備外，還需要有特殊技術與特殊工具。任何一項作業當然都必須具備符合該項作業需求的設備與工具。但是，最重要的還是個人意願。請記住，只要有意願，天底下沒有什麼事是不可能的。

更換保險絲

使用專用鉗子

需 要 的 物 品			
🔧	✂	▬	其 他

難 易 度	★

事先找出保險絲的位置

保險絲會在電流通過太多時，防止短路產生，因此汽車上的好幾個地方都有設置保險絲。大部分的保險絲在駕駛座腳邊與引擎室裡面，外裝上都有「FUSE」字樣。使用專用鉗子或老虎鉗，將保險絲往正上方拉出後，就可以進行更換。

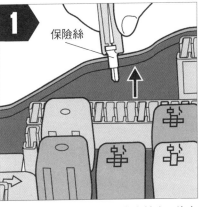

1

保險絲

將準備更換的保險絲往正上方拉出。沒有專用鉗子時，也可以用老虎鉗。

2

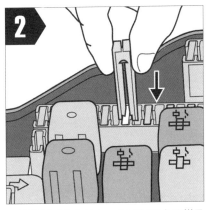

保險絲可以拿在手上，也可以用專用鉗子夾住，從正上方垂直地往最裡面壓進去。

3 確認能否正常運作

更換保險絲後，務必要確認更換後的電裝零件能否正常運作。

CHECK POINT! 確認適用的安培數

保險絲有各自對應的安培數。這些數字都會寫在保險絲上，如果使用數字不對的保險絲，可能會造成車輛起火。保險絲的形狀有很多種，每一種都要仔細確認安培數。
●所需物品——保險絲（大約30元，可在汽車用品店、大賣場購買）

更換火星塞

使用火星塞套筒扳手

需要的物品				
				其他

難易度	★ ★ ★

確實插入火星塞套筒扳手

從引擎任何部位拔除火星塞時，都要注意不要太用力。用手握著引擎上方的火星塞電線的底部後拉起，接著插入火星塞套筒扳手。將扳手確實放入火星塞上部，往逆時針方向旋轉，取下火星塞。

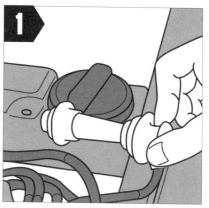

3 火星塞

慢慢旋轉，拉起火星塞套筒扳手，這樣火星塞就會脫落。

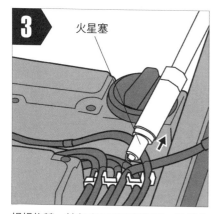

1

握著底部的橡膠套，拉起火星塞電線。

CHECK POINT! 必須使用專用扳手

這是項沒有專用扳手，就無法進行更換的作業。火星塞套筒扳手的前端有橡膠，當火星塞脫離時，橡膠可以直接固定火星塞並拉起。由於火星塞被深深鎖入引擎內部，無法直接看清全貌，因此，作業時也必須將火星塞確實套入火星塞套筒扳手，否則就無法拔出。

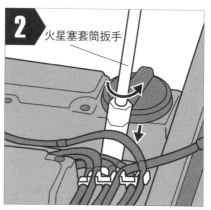

2 火星塞套筒扳手

將火星塞套筒扳手放入洞裡，確實插入火星塞上部後，朝逆時針方向旋轉。

小心插入火星塞

將火星塞套入火星塞套筒扳手，慢慢地降到洞裡。當火星塞前端到達要鎖緊的位置後，就直接、緩慢、順時針方向地轉動火星塞套筒扳手。這時候要注意的是，只要火星塞絲毫偏離了螺絲孔，就要取出重新作業。如果勉強鎖緊，恐怕會損害引擎，而導致必須更換引擎。

用手確實將火星塞鎖緊

火星塞對準螺絲孔後，就握住火星塞套筒扳手的握柄，緩慢地轉動火星塞，直到再也無法轉動為止。火星塞停住後，再稍微用一點力鎖緊。最後，將最初拆下的火星塞電線確實套上去。

將火星塞插入固定的位置

火星塞電線位於固定的位置，需注意不要弄錯插入的位置。

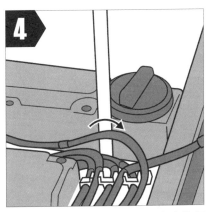

扳手套上火星塞後，放入火星塞套筒扳手，確認火星塞前端已經放入洞裡。

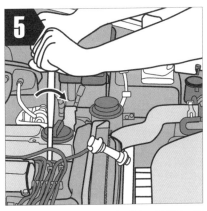

火星塞的螺絲咬合後，握著扳手握柄，慢慢用手旋轉。

CHECK POINT! 記住火星塞電線的位置

火星塞與火星塞電線的數量會隨著引擎款式而有所不同。不過，大致上都是3～6根。不管將火星塞放到哪裡都不會有問題，但火星塞電線的安裝位置是固定的。在拆除火星塞電線前，先在上面貼上膠帶，寫上應安裝的位置。

●所需物品──火星塞（大約80元，可在汽車用品店購買）

每一種修理作業都會有許多危險狀況以及必須注意事項，事先瞭解清楚是非常重要的。下面將介紹一些應該注意的事項或危險作業的例子。

更換輪胎、修補排氣管等，需要用千斤頂將汽車舉起，以及讓自己並在車體下方進行的作業，請務必要採取防止汽車中途落下的對策。由於千斤頂非常不穩定，務必要在路面平坦的地方進行作業。在斜坡及未鋪設平坦的路面使用千斤頂是非常危險的。再者，不要只靠千斤頂支撐車體，還要另外使用在汽車用品店及大賣場購買的馬椅，這樣比較安全。馬椅是一種可以支撐車體的堅固金屬製支柱。

進行電裝系統的作業時，務必要先拆除電瓶後再進行作業。另外，在有尖銳突起物的地方進行作業、需要處理可能會造成皮膚發炎的物品、以及需要移動沈重物品時，必

COLUMN

瞭解危險，才能成為修理高手

修理必定伴隨著危險，安全第一。

須戴上厚手套。這樣可以減少受傷的機率。

動手修車前要先了解，任何作業都隱藏著危險，我們必須採取有效的安全對策來面對這些危險。不管你是要修理汽車、機車或腳踏車，只要稍不留意，就可能會造成意外的傷害及事故，千萬不要逞強。

機車

主要部位的名稱

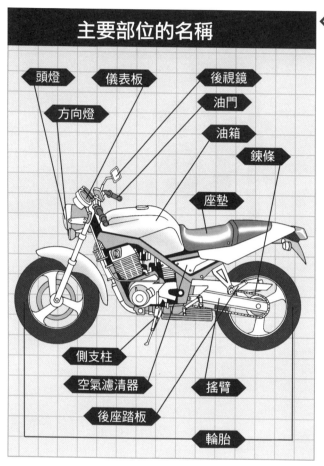

頭燈
儀表板
後視鏡
油門
方向燈
油箱
錬條
座墊
側支柱
空氣濾清器
搖臂
後座踏板
輪胎

　由於機車的引擎及操作系統的開關長期暴露在外，因此需要保養修理的作業項目相對的也變得更多。平常的保養當然是不可或缺的，而對於各部位的運轉功能檢查及零件更換等作業的頻率也要比汽車更加頻繁。不過，由於機車所使用的零件並不像汽車那麼多，也沒有裝置太多的複雜系統，因此，最適合當作修理的入門。

　有心的話，你可以從檢查煞車、錬條鬆弛調整開始做起，到換油、各部位的清潔等，總之一開始以可見的部位為主，而工具也只需使用最基本的即可。當愛車出現問題，除了引擎相關作業外，任何人都可以親自挑戰修理。只要自己動手，修理就會變得更有樂趣。最初只要從作業比較簡單的清潔及把手調整開始就可以了。

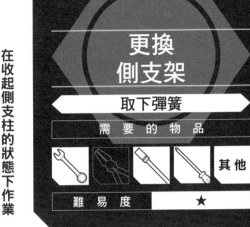

更換側支架

取下彈簧

需 要 的 物 品

其 他

| 難 易 度 | ★ |

在收起側支柱的狀態下作業

　側支架是用一個螺栓和彈簧固定住的。更換時，由於要在拉起側支架的狀態下作業，因此要在作業中使用中央支柱。先取下螺栓，並用力拉彈簧，這樣很容易就可以取下側支架。安裝時的順序和拆除時相反就對了。

直接拉出

稍微出力拉住彈簧並取下，這樣就可以輕易拆除側支架了。

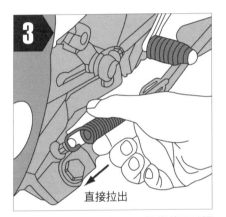

側支架

先讓車子固定站穩，然後再將側支架拉起。

將側支架拉起

用梅花扳手或者套筒扳手鬆開側支架根部的螺栓。

CHECK POINT!

拆除彈簧的訣竅

　在將側支架放下的時候，它的彈簧是拉得最長的。相反地，只要將側支架拉起，彈簧幾乎就沒有張力。因此只要稍微用力拉，就可以取下。但是，當無法取下時，就要用一字起子插入彈簧的一端並取下。

●所需物品－側支架（大約600元起，可在機車用品店購買）

調整後視鏡的位置

用螺絲扳手轉動螺帽

需　要　的　物　品				
🔧	✂	▱	╱	其他

難　易　度	★

第一階段要鬆開螺帽

要調整後視鏡的位置，但無法完全只靠鏡子部分調整時，可以利用調整後視鏡桿底部的位置來完成作業。

用手固定後視鏡，將螺絲扳手套上底部的螺帽並轉動鬆開。往逆時鐘方向轉，就可以鬆開螺帽。

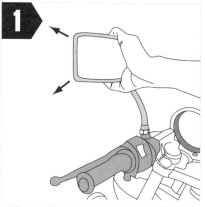

緊緊握住螺絲扳手，往逆時針方向旋轉，就可以轉動後視鏡本體。

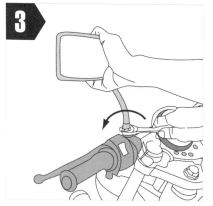

只靠後視鏡的鏡子部分的可動範圍無法完成調整時，就從底部的螺帽來移動調整。

螺帽

後視鏡是用螺帽固定在把手上，因此要將螺絲扳手套在螺帽上。

CHECK POINT!
鏡子要確實地旋入最深處

整個後視鏡是從後視鏡桿的底部用螺絲固定於把手上的。為了使這個部位不會因為機車行駛時的震動而鬆弛移位，另外又用了螺帽固定。只要鬆開這個螺帽，就可以做調整，但不要忘記要將後視鏡本體牢牢地鎖緊到最深處。另外，有些製造商也會在鏡子部位使用逆螺絲。

調整到沒有死角的位置

鬆開後視鏡的螺帽，等到能夠做調整時，就自己跨上機車。然後，將把手轉向正前方，採取行走中的姿勢。接著就可以調整後視鏡，尋找一個沒有死角的位置，可以完全看清背後的景象。在這個階段中，螺帽只要稍微固定就可以了，不需要完全鎖緊。

用手壓著鎖緊螺帽

找出沒有死角的位置後，維持跨坐在機車上的姿勢，將鏡子固定。在鎖緊螺帽時，為了避免鏡子同時跟著旋轉，必須用一隻手將鏡子壓在適當的位置，同時鎖緊螺帽，這樣就比較不會歪掉。鎖緊到某個程度後，可以鎖上龍頭鎖，這樣比較容易作業。

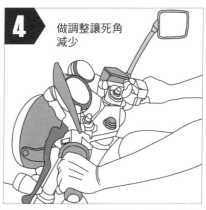

做調整讓死角減少

跨上機車，以行駛中的姿勢，找出死角最少的位置，以看清背後景象。

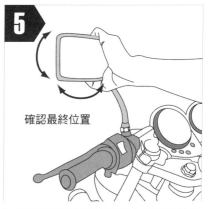

確認最終位置

用單手將鏡子壓到自己認為最適當的位置，然後就直接將螺絲扳手套上螺帽。

慢慢鎖緊螺帽直到被手壓住的鏡子不會再移動。

CHECK POINT!

附整流罩的機車可以只靠鏡子部分做調整

後視鏡沒有固定在把手上，而是從整流罩伸出的機車車種只能靠鏡子部分來調整位置。有些仿賽車的機車中，常見到類似的設計。而在這種設計下，會造成死角很多，因此在騎車時，只能轉頭看清後方車況，或者你也可以將鏡子改安裝到把手上。構造就跟裝在汽車引擎蓋前端的後視鏡一樣。

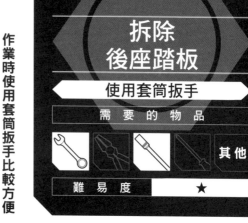

拆除
後座踏板

使用套筒扳手

需 要 的 物 品

其 他

難 易 度　　★

作業時使用套筒扳手比較方便

機車後座有載人時，供乘客放腳的地方就是後座踏板。平常大多沒在使用，因此，只要覺得沒有必要，就可以把它拆掉。只要將固定後座踏板的螺栓拆除，就可以將後座踏板與支撐踏板的支柱一起拆下。

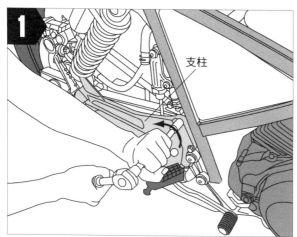

也可以只拆掉後座踏板，但如果連支柱一起拆掉，外觀會更加俐落。支柱是用螺栓固定在車體上，可以用套筒扳手將那個螺栓拆掉。用套筒扳手進行作業會比使用梅花扳手或螺絲扳手更加輕鬆。

CHECK POINT!
拆掉後座踏板，就要減少乘客數

後座踏板是可以輕易取下的零件，但有一點要特別注意。本來，機車是可以坐兩人的，但將後座踏板拆掉後，就只剩下一人可乘坐。遇到車檢時，如果沒有後座踏板，就要特別說明，這點要特別注意。另外，拆除的後座踏板要確實保管。

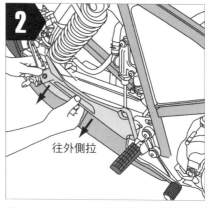

往外側拉

將螺栓全部拆掉後，直接將支柱連同後座踏板一起拆除。

更換喇叭

拔掉絕緣電線

需要的物品

| | | | | 其他 |

| 難　易　度 | ★　★ |

拔掉2條絕緣電線

有的機車只安裝一個喇叭，有的機車則安裝兩個。不過，作業方法都是一樣的。正極和負極的絕緣電線會從喇叭延伸出來，要把它們拔掉。然後，拆掉固定住喇叭的螺帽，就可以拆掉喇叭。安裝順序和拆除時相反。

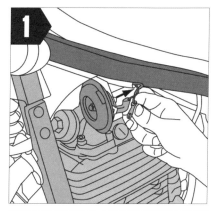

從喇叭延伸出來的2根絕緣電線只是插著而已，很容易用手拔掉。

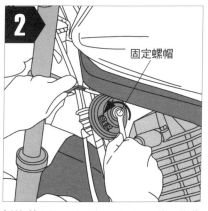

拆掉喇叭內側的固定螺帽，可以使用梅花扳手或螺絲扳手。

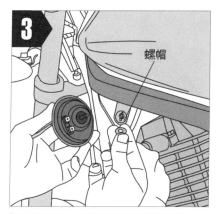

拆掉螺帽後，用手壓著喇叭本體拆除。

CHECK POINT!

固定方式因車種而異

喇叭的固定方式有好幾種，一種是將喇叭固定在附屬於車體的支柱上；而另外一種是將車體與喇叭完全分離，並透過支柱來固定。總之，不管屬於哪一種，作業內容幾乎是相同的。

●所需物品——喇叭（大約300元，可在機車用品店、大賣場購買）

更換握把

倒入潤滑劑

需要的物品

			其他

難 易 度	★

將潤滑劑倒入握把之間

　　離合器側的握把只是插入把手而已。不過，握把是橡膠製的，而且做得比把手的直徑還要小，一般並不會脫落。更換時，將螺絲起子插入握把前端，倒入潤滑劑。

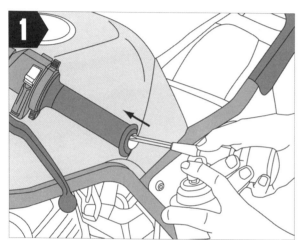

1

如果平衡器及握把塞安裝於把手前端，必須把它們拆掉。如果握把前端部分有露出，就插入一字起子，製造縫隙。接著將潤滑劑倒入縫隙，這樣比較容易拆除。即使讓螺絲起子插入得稍微深一點，也不會有問題。

CHECK POINT!　何時應更換握把

　　如果把手握把是新的，上面會刻有許多花紋以製造止滑效果。當這些花紋消失後，就是更換握把的時候。再者，油門側必須連同節流閥一起更換，因此可以到機車用品店以整組的方式購買。

●所需物品—— 握把（大約200元起，可在機車用品店購買）

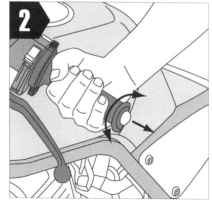

2

將潤滑劑倒入後，緊緊握住握把，慢慢地旋轉拔出。

調整煞車拉桿的遊隙

轉動調整鈕

需　要　的　物　品

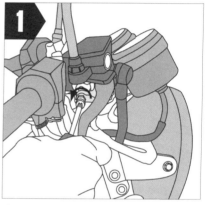

難　易　度	★

其他

調整適當的遊隙

利用煞車拉桿根部的小螺絲可以調整遊隙。遊隙可以隨個人偏好調整，但一般至少還是要有2公分左右。只要鎖緊調整鈕的螺絲，遊隙就會變小；相反地，只要鬆開螺絲，遊隙就會變大。找出最容易操作的遊隙也是很重要的作業。

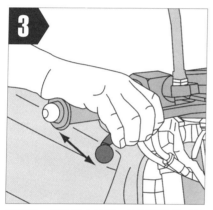

調整後，握住煞車拉桿，確認遊隙是否符合自己的需求。

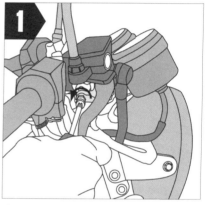

確認螺絲的位置，用螺絲起子鬆開或鎖緊螺絲來調整遊隙。

CHECK POINT!

確實鎖緊固定螺帽

遊隙的調整都會使用普通的螺栓，但螺帽可以固定調整好的螺栓，具有重要的功能。當這個螺帽鬆弛，螺栓就會因為行駛時的振動而鬆脫，而遊隙也會跟著改變。另外，在煞車時，螺栓會在這個部分產生生油壓，因此，一旦它脫落，煞車就會完全失去效用。因此，務必要確認螺帽有沒有鎖緊。

由於有固定調整鈕的螺帽，因此，也要先用螺絲扳手把它鬆開。

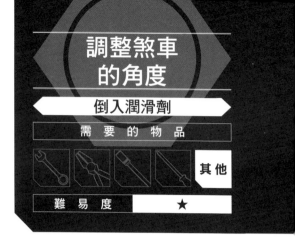

調整煞車
的角度

倒入潤滑劑

需要的物品

其他

難易度　　　　★

尋找最好握的位置

　油門與煞車拉桿都是用右手控制的，因此，它的角度就變得非常重要。如果要調整煞車拉桿的角度至方便使用的狀態，就要連整個托架一起調整。先用六角扳手鬆開托架的螺絲，再調整到最適合的位置。

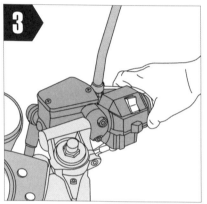

換上螺絲前，要先確認握把的舒適度。

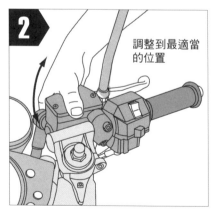

用六角扳手鬆開支撐煞車拉桿的托架螺絲。

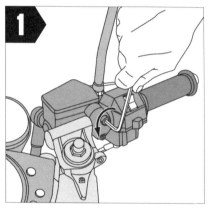

調整到最適當的位置

手握著煞車油壺或煞車拉桿，仔細調整到最適當的角度。

CHECK POINT!　原則上要和油門平行

　基本上，煞車拉桿的角度要和油門平行。但是，每個人都有自己習慣的騎乘姿勢，因此，也未必一定要和油門平行才行。可以藉由不斷的調整，找出最適合自己的位置。

●所需物品──六角扳手（大約180元起，可在五金行、大賣場購買）

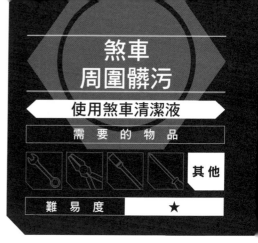

煞車
周圍髒污

使用煞車清潔液

需 要 的 物 品

| | | | | 其他 |

| 難 易 度 | ★ |

煞車只要簡單的保養就OK了

碟煞的周邊沒有可動部份，因此，不要使用潤滑劑。碟煞部位的污垢大都是在行駛時所附著的泥污。由於碟煞部分嚴禁用油，因此，只要噴上專用的煞車清潔劑，讓污垢分解，然後再用乾布擦掉就可以了。

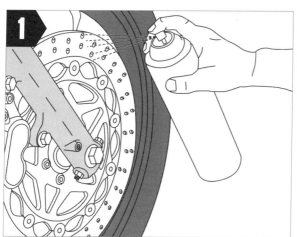

煞車清潔劑可以去除附著在碟煞上的污物與油漬。另外，不光只是碟盤，在清潔煞車分泵卡鉗時，只要將清潔劑充分噴在分泵卡鉗上，大部分的污垢就會掉落了。

CHECK POINT! 大量使用也沒有問題

煞車清潔劑和潤滑劑不同，就算不小心噴太多也沒關係。當污垢很嚴重時，只要集中地將清潔劑直接噴灑在髒掉的部位，就可以讓頑垢分解。擁有一罐清潔劑，在作業時會更方便。
●所需物品—— 煞車清潔劑（大約150元，可在大賣場購買）

在煞車周邊噴上煞車清潔劑後，再用乾布擦拭。

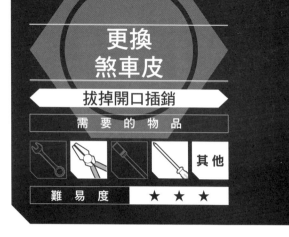

更換
煞車皮

拔掉開口插銷

需 要 的 物 品

				其他

難 易 度　　★　★　★

拔掉煞車片固定栓

從煞車分泵（煞車夾具）的背面可以拔掉煞車皮（來令片），因此要先將外蓋取下。接著，用鉗子將防止固定煞車皮的固定栓（pad pin）脫落的開口插銷拔掉。然後，將固定栓往外側拉出，就可以拆掉煞車皮。

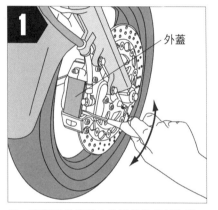

1

外蓋

用一字起子撬開煞車分泵的外蓋並取下。

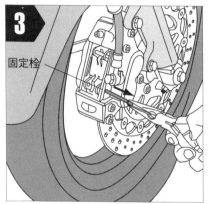

3

固定栓

拔出固定栓，如果用手拔不出來，就用鉗子等夾出。

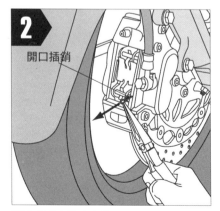

2

開口插銷

將防止固定煞車皮的固定栓脫落的開口插銷拔掉。

CHECK POINT!　判斷能否自行更換

　煞車皮的更換關係到生命安全，是一項重要的維修。如果沒有充足的知識技術，就不要自己進行。在作業程序中出現任何不確定時，就不要勉強進行作業，而要委託專業車行處理。自己更換時，要確實將空氣放掉（參考P74）。

●所需物品──煞車皮（大約250元起，可在機車用品店購買）

拆除固定的金屬零件

拔掉固定煞車皮的固定栓後，就可以拆除防止煞車皮移動的金屬零件。這些金屬零件都被夾在固定栓下方之間，因此在拆除之前，要先記住它們原先的方向。另外，也要注意其正面與背面之分。

煞車皮要從後方拿起拆下

將所有固定的金屬零件拆除後，煞車皮就處於完全活動的狀態。由於煞車皮是以2片一組的形式，從左右將煞車盤夾住，因此要分別從兩邊拿著煞車分泵，然後拔出。如果煞車皮在這個時候因為卡到輪圈而拿不出來時，就拆掉煞車分泵本體。這種狀況在煞車較大的機車中，是很常見的。

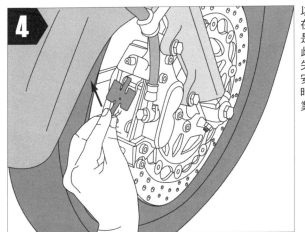

以被2支固定栓固定而嵌在裡面的金屬零件的功用是要防止煞車皮移動，因此要小心保管好，避免遺失。拆除前，要記住原先安裝的狀態，這樣在安裝時，才可以順利進行作業。

CHECK POINT! 煞車周邊嚴禁用油

在拔掉煞車皮固定栓時，絕對嚴禁因為難以拔除而塗抹潤滑劑。煞車的機制是藉由煞車皮與煞車盤所產生的摩擦力而使機車停住，如果塗抹潤滑劑，將使得摩擦力無法作用，煞車將會完全失效，而陷入非常危險的狀態。如果有零件太緊無法轉動時，可以用輕敲的方式來解決。當判斷無法拆除時，就請專業店家處理。

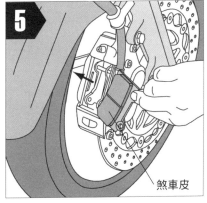

煞車皮

當煞車皮呈現可活動的狀態後，就從煞車分泵後面拆除。

放掉煞車管路的空氣

連接透明油管

需 要 的 物 品				
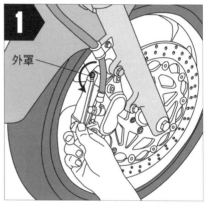				其他

難 易 度	★ ★

更換煞車皮後，將空氣放掉

更換煞車皮後，務必要將管路的空氣抽掉。將混入煞車油路的空氣抽除，是為了讓煞車確實發揮作用。用梅花扳手套上抽掉空氣用的洩油螺絲，插入透明油管中。然後，打開油壺的蓋子。

3

打開煞車油的油壺蓋。

1

外罩

將梅花扳手套上煞車分泵上的抽掉空氣用的洩油螺絲上。

CHECK POINT! 油管要使用透明的

油管之所以要使用透明的，是為了可以用目視的方式確認混入煞車油的空氣。作業時也可以使用魚缸專用的通氣管。另外，只要使用通氣管，管子的直徑幾乎可以符合所有的煞車分泵。

●所需物品——透明油管（大約20元，可在大賣場、寵物店購買）

2

將直徑符合的透明塑膠管插到最裡面，讓洩油螺絲不會掉落。

抽掉空氣的作業要反覆進行

將梅花扳手與油管連接到洩油螺絲後，在油管前端放置空罐等容器來接廢油。用梅花扳手鬆開洩油螺絲，並在這個狀態下慢慢握緊煞車拉桿。如此一來，煞車油會從塑膠油管流出，而在這個時候，就要檢查空氣有沒有混入煞車油裡。

等空氣沒了，就結束作業

將洩油螺絲鬆開後，煞車就可以毫無阻力地握到底。反覆握緊煞車拉桿，確認流經油管的煞車油裡沒有空氣後，就將油管從洩油螺絲上拿掉，然後用梅花扳手鎖緊螺帽。最後記得要將流出的油量再補足。

確認煞車油裡沒有空氣後，就鎖緊洩油螺絲的螺帽。

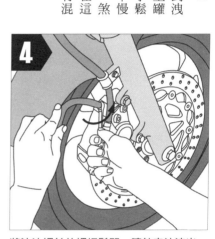

將洩油螺絲的螺帽鬆開，讓煞車油流出。

CHECK POINT! 油壺裡不可沒油

放掉空氣的作業可以藉由反覆握緊煞車拉桿而將混入煞車油裡的空氣壓出，但每當握緊一次煞車拉桿，油壺裡的油就會減少。當你獨自進行作業時，要同時注意空氣的有無與油壺裡的油量。最後不要忘記補足油壺裡的油（參考P76）。

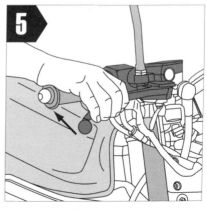

緩慢握緊煞車拉桿，確認油管內有沒有氣泡。

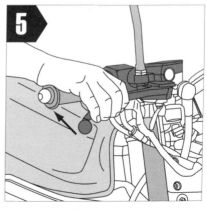

將油壺放平

儲存煞車油的油壺蓋在左把手的煞車拉桿附近。這個油壺要在放開把手的狀態下，與地面平行地進行作業。放平不動，同時用螺絲起子拆掉上方的螺絲，並直接將蓋子拿起來。

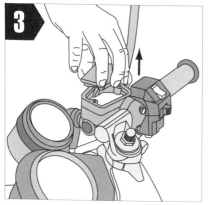

放開把手，讓油壺與地面維持平行。

平行的狀態

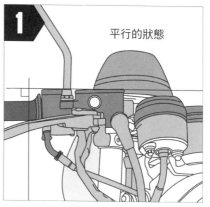

用螺絲起子將位於油壺上部，固定油壺蓋的螺絲全部拆掉。

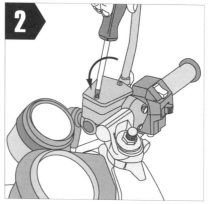

將螺絲全部拆除後，小心拿起蓋子，注意不要讓油流出來。

CHECK POINT! 不要勉強轉動生鏽的螺絲

固定油壺蓋的螺絲由於經常受到風雨侵襲，經常會有生鏽的情況。如果勉強轉動已經生鏽的螺絲，會破壞螺紋，將導致以後不能再用螺絲起子拆除。因此，當螺絲生鏽時，要先塗抹潤滑劑，稍待一會兒後，再用螺絲起子輕輕地轉動，這樣就可以拆除。

注入專用的煞車油

拆掉油壺蓋後，裡面還有防止漏油的橡膠。把橡膠取出，注入煞車油。注入的油最好使用廠商指定用油，另外，也可以使用汽車用的煞車油。不過，注意不要讓髒東西掉進油壺裡。在風勢較強的日子，最好避免在屋外進行作業，這樣比較保險。

從小視窗確認油量

在將油壺水平放置的狀態下可以確認油量。從油壺側面的小視窗確認注入的油量，當加到適度的量時，就蓋上蓋子。當油壺為塑膠製時，油壺本體上會有刻度，可以直接從外面確認。油量介於LOW與HI之間為最標準。

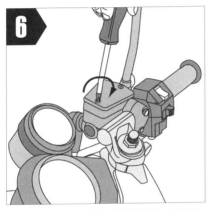

在油壺蓋緊閉的狀態下鎖緊螺絲，滲出的油要擦掉。

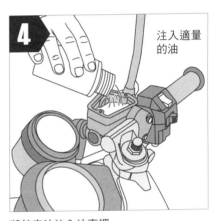

注入適量的油

將煞車油注入油壺裡。

CHECK POINT!　煞車油也有分種類

　　煞車油的種類以DOT為單位，並以DOT4及DOT5等方式來標示。數字越高，沸點越高，因此，煞車發熱量多且重的機車及高性能的機跑車最好盡量使用DOT數多的油。

●所需物品——煞車油（可在汽車用品店、機車用品店購買）

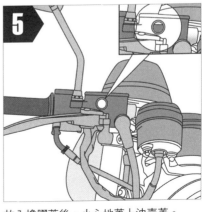

放入橡膠蓋後，小心地蓋上油壺蓋。

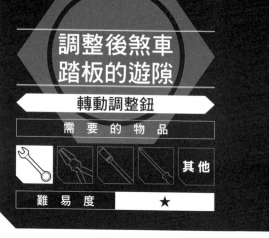

調整後煞車踏板的遊隙

轉動調整鈕

需要的物品

其他

難易度	★

用螺絲扳手調整調整鈕

後煞車為碟煞時，可以在轉動桿部份的調整鈕來調整遊隙。桿部位的上下前端都有螺紋，而其下側為防鬆螺帽，上側為調整鈕，因此，在鬆開防鬆螺帽之後，就可以轉動調整鈕，調整遊隙。

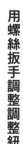

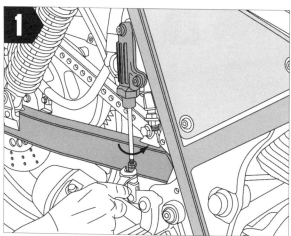

尋找調整後煞車遊隙的部位時，只要沿著從後煞車的煞車分泵延伸的管子，就可以立刻找到。桿部份的防鬆螺帽可以用螺絲扳手鬆開。不過，由於這個零件通常會很難轉動，因此，要使用符合螺帽大小的工具。

CHECK POINT!

調整作業中，以遊隙最重要

在騎乘機車時，我們經常會將腳放在煞車踏板上，因此，我們些微的遊隙是必要的。如果失去遊隙，就會變成經常在維持著輕踩煞車的狀態下騎乘。如此一來，煞車會過熱，而引起熱衰竭現象。一旦出現熱衰竭現象，煞車就會失靈。因此，要調整到最適當的遊隙。

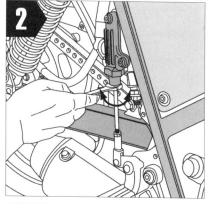

調整鈕部位有用橡膠遮蓋住，因此，要先掀開橡膠，再用螺絲扳手調整。

補充
後煞車油

轉動調整鈕

需　要　的　物　品				
				其他

難　易　度	★

油壺在中央偏後的位置

　　後煞車用的油壺設置在比車體中央後面的位置。這個油壺的蓋子可以用手打開，但為了避免裡面的煞車油漏出，必須在車體垂直的狀態下進行作業。煞車油可以直接注入油壺裡。

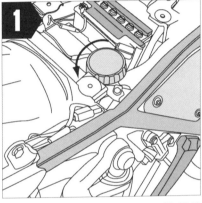

確認後煞車用油壺的位置後，用手打開蓋子。

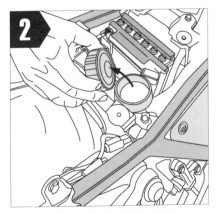

小心打開蓋子，注意不要讓油流出。

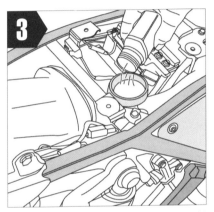

如果煞車油減少，就一邊確認旁邊的刻度，一邊注入煞車油。

CHECK POINT!

作業時注意
不要讓油漏出

　　注入後煞車油時，要避免讓油流出。一般都是從油罐直接注入，但不要一口氣注入，而在緩慢注入的同時也要確認油量。漏出的油會沾到零件上面，並產生腐蝕的情況。

●所需物品——煞車油（可在機車用品店、大賣場購買）

調整離合器拉桿的遊隙

轉動調整鈕

需要的物品

				其他

難易度	★ ★

適當地調整遊隙

離合器的遊隙調整要從連接到拉桿的離合器線來進行。鬆開環狀的固定螺絲，然後轉動離合器線上面的調整鈕，進行調整。

如果遊隙太大，離合器可能會失去功能，因此要找出最適當的位置。

鎖上防鬆螺絲前，握一下握把，確認遊隙是否適當。

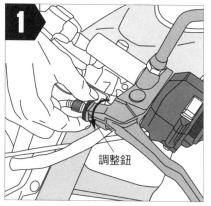

不需使用工具，就可以用手鬆開調整鈕的螺絲。如果很難轉動，就塗潤滑劑。

CHECK POINT! 單純地調整拉桿的遊隙

在離合器拉桿所進行的調整是要調整離合器開始發生作用前的遊隙，而不是要對離合器本身的壓著力進行調整，注意不要弄錯了。手較小的女性可以將遊隙調整多一些，這樣在操作離合器時，壓力會減少。相反地，如果調整得少，只要稍微握一下握把，離合器就會產生作用。總之，重點就是要調整到最容易操作的位置。

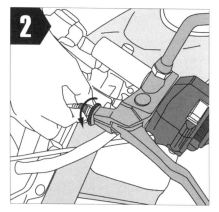

鎖緊調整鈕，遊隙就會變大；鬆開調整鈕，遊隙就會變小。

調整離合器的連接狀況

從保護套拆下離合器線

需 要 的 物 品				
🔧	✂	🔧	🔧	其他
難 易 度		★ ★		

鬆開兩個螺帽

在從離合器拉桿連接到變速箱的離合器線上，有一個調整鈕。調整鈕有用一個保護套固定住。將螺帽鬆開後，就可以從保護套取下離合器線。然後，用螺帽調整離合器的連接狀況，最後確認能否產生作用。

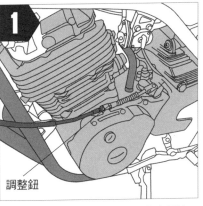

旋轉從保護套拆下的調整鈕螺帽，將其調整至與離合器連接的位置。

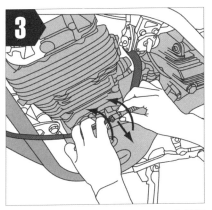

調整鈕

沿著從離合器拉桿延伸出來的離合器線，確認調整鈕的位置。

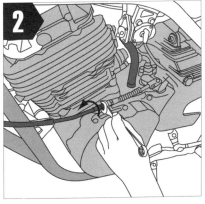

用扳手壓著調整鈕的螺帽並鬆開，就可以從保護套裡取下。

CHECK POINT!

離合器的連接狀況要調整到最適值

用調整鈕調整離合器開始作用的位置，而這和離合器拉桿之間保持均衡也很重要。如果沒有將離合器完全握到底，離合器就不會作用，將無法順利的換檔。相反地，如果作用過於靈敏，只要稍微握住拉桿，就會出現半離合器的狀態。因此在調整時，最重要的是找出最適度的位置。

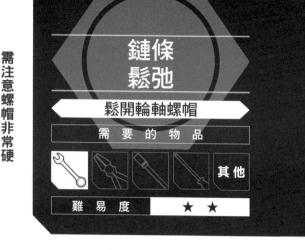

鏈條鬆弛

鬆開輪軸螺帽

需 要 的 物 品				
				其他

難 易 度	★ ★

需注意螺帽非常硬

要調整鬆弛的鏈條，必須鬆開輪軸螺帽與調整鈕。支撐後輪的輪軸螺帽鎖得非常緊，必須使用合尺寸的大型梅花扳手鬆開。

調整鈕是兼具鎖緊與調整功能的雙功能螺帽。

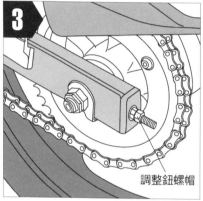

鬆弛度為25~35mm

鏈條的鬆弛度要用指頭將鏈條拉起確認。可以拉開25~35mm為正常。

調整鈕螺帽

鏈條調整鈕的防鬆螺帽有兩層，兩邊都要鬆開。

CHECK POINT! 輪軸螺帽是重要零件

固定輪圈軸部分的輪軸螺帽是無法輕易拆除的。有些車種為了防止螺帽鬆脫，還會插上開口插銷，這時候要用老虎鉗等先將開口插銷拔掉，然後再進行作業。只要將開口插銷拔掉就可以了。但如果無論如何都無法鬆開時，就不要勉強，最好交給專業店家處理。

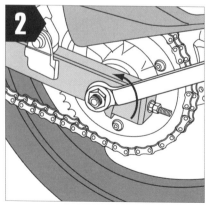

鬆開輪軸螺帽。由於鎖得很緊，請務必確實使用扳手作業。

利用調整鈕螺帽進行調整

在搖臂最後部的調整鈕螺帽有兩層，因此要把這兩個螺帽都鬆開。這時候，必須使用合尺寸的梅花扳手，以免損傷螺帽。

另外，不要將調整鈕螺帽完全拆除，只要移動到可調整的距離就好。

左右兩邊的調整要同時進行

調整鈕螺帽分別位於夾住輪胎的兩側搖臂上，因此，作業時務必要將左右兩邊的數值調整到一樣。調整標準可依據搖臂上面的刻度，轉動調整鈕，讓左右的數值相同。只要鎖緊螺帽，就可以拉緊鍊條；只要放鬆螺帽，鍊條就會鬆弛。

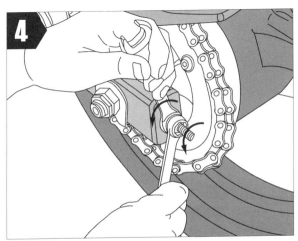

用兩個梅花扳手鬆開兩個調整鈕螺帽。左右的搖臂都具有相同的調整機能，因此這項作業總計要進行四次。首先，將兩側的四個調整鈕螺帽鬆開，檢查鍊條的狀態，同時慢慢進行調整。不要只做單邊的作業，每一次作業時，切記左右兩邊都要同時調整。

CHECK POINT!
不停地確認，直到左右均等

在調整左右的調整鈕螺帽時，務必要遵守的原則就是數值要相同。如果左右的調整數值不同，就鎖上螺帽，那麼，輪胎在行走時就不會直線轉動。再者，鏈條也有可能脫落，而當鏈條纏住齒輪，就會造成意外。因此務必以左右均等為調整的最高原則。

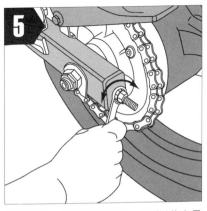

轉動螺帽，反覆進行微調，直到鏈條有最恰當的鬆緊度。

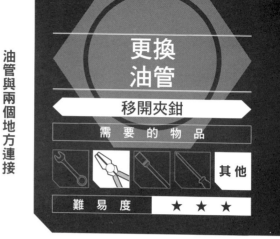

油管與兩個地方連接

油管的兩端分別與化油器及油箱連接在一起。因此,在更換時,必須要將管子連接兩處的地方都拆開。由於兩邊都有專用的夾鉗固定住油管插入的位置以防止脫落,因此要用鉗子拆掉後再更換。

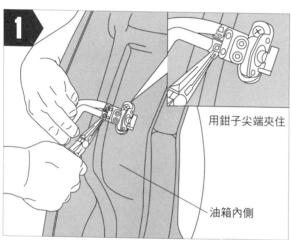

1

用鉗子尖端夾住

油箱內側

固定油管的是一種名為夾鉗的金屬零件。它上面有兩個旋鈕,只要夾住旋鈕,鎖緊的力量就會減弱。由於油管的夾鉗非常小,如果用手去鬆開,可能會造成損傷,因此要使用鉗子。這時候,注意不要損傷油管。

CHECK POINT! 拉起時要注意

油管除了被夾鉗固定住外,油箱或化油器的插入口也有突起。此處藉由將夾鉗卡住的狀態,就可以防止油管脫落。因此,作業時的訣竅就是要握著根部,謹慎地轉動並拉起。

●所需物品——油管(大約60元,可在機車用品店購買)

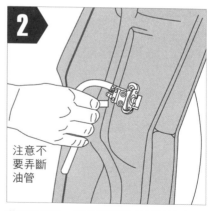

2

注意不要弄斷油管

移開夾鉗後,儘量握著管子的根部慢慢轉動並拉起。

84

調整胎壓

使用胎壓計

事先知道適合機車的數值

調整輪胎裡的胎壓時，要事先知道最適合該輛機車的胎壓數值。然後，檢查輪胎的胎壓，如果不足，就加以補充；如果過多，就放掉空氣調整。胎壓的數值要用專用胎壓計測量。

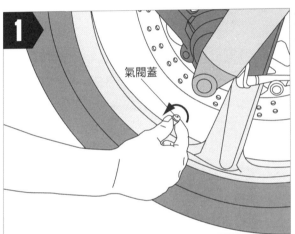

1

氣閥蓋

在裝有輪胎的輪圈緣上，有一個可以打入空氣的氣閥。這個氣閥的上部有氣閥蓋，可以用手把它取下。氣閥蓋的目的是要保護氣閥部位，當遺失時，就要到機車店再購買一個裝上。

CHECK POINT!

空氣遇熱會膨脹

檢查胎壓的作業不要在騎乘後立刻進行，而要等輪胎熱度散去後再進行。這是因為輪胎在行走中會因為阻力而生熱，使得空氣的體積增加，因此數值會變得比平常還要高。如果可以，最好在騎乘前檢查。

●所需工具──胎壓計（大約100元起，可在機車用品店、大賣場購買）

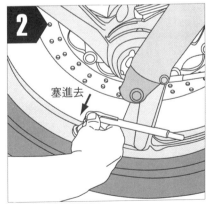

2

塞進去

將胎壓計塞進氣閥裡面2秒左右，就可以測得正確的數值。

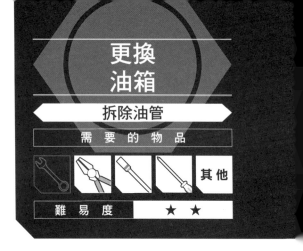

更換油箱

拆除油管

需 要 的 物 品				
				其他

難 易 度	★ ★

拆除螺栓與燃料管

油箱由螺栓固定住，同時藉由油管和化油器連接在一起。只要將這兩個連接點拆除，就可以只拆掉油箱。取下座墊，拆掉固定油箱的螺栓。然後，把連接化油器的油管拿掉。

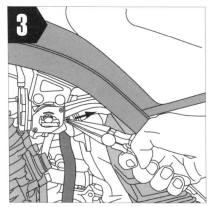

將座墊完全拆下，就可以看見固定油箱的螺栓。

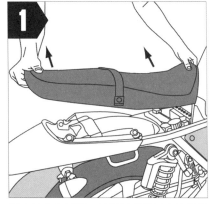

拆掉固定油箱的螺栓，最好使用套筒扳手。

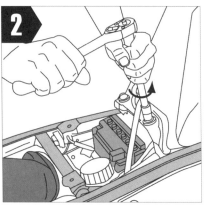

拆掉連接化油器與油箱的燃油管的夾鉗，拔掉油管。

CHECK POINT! 注意不要弄斷燃料管

　為了防止燃料管脫落，而有用一個金屬製的夾鉗固定住，因此，要用鉗子壓著這個夾鉗，同時將其移開。由於橡膠製的油管容易龜裂，因此不可以因為拿不起來，就用鉗子等直接去夾油管。

●所需物品——油箱（大約12000元，可在機車用品店購買）

從車體取下油箱

移開油管與固定螺栓後，就可以將油箱從車體取下。油箱只有在座墊側才有用螺栓固定，而前方大多為扣環狀。由於前方沒有螺栓類工具，因此在拆除油箱時，要先確認扣環的形狀後再進行作業。

要先確認扣環形狀

一般機車的固定扣環在油箱內側，因此，如果你未曾有過拆除油箱的經驗，最好先看說明書確認一下。萬一沒有說明書，就要在拆除螺栓與螺絲後，稍微將油箱抬起來，然後從下方檢查確認。安裝步驟和拆除時相反。

拆除油箱時，一定要在加油孔朝上的狀態下進行作業。如果可以的話，事先將汽油從油箱裡洩出是最理想的作法。因為即使只留下一點點汽油，在拆除油管時，汽油都有可能漏出。此外，由於汽油具有揮發性，容易起火，因此要注意現場不要有香菸等火源。

4 確實抓緊油箱拆除

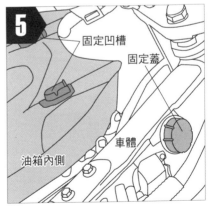

CHECK POINT! 如果油管劣化，就要更換

油管為橡膠製，因此，在長久使用下，會硬化並出現裂痕。特別是彎曲設置的油管，更容易出現裂痕，即使外觀看不出異狀，但只要稍微彎曲檢查，經常就會發現無數的裂痕。由於這是汽油流通的地方，一旦有了裂痕當然一定要更換，但即使外觀正常，最好還是要每兩年更換一次。

5 固定凹槽 固定蓋 車體 油箱內側

如果油箱是插圖裡的扣環形狀，就要先將油箱往後拉一次，再拿起來。

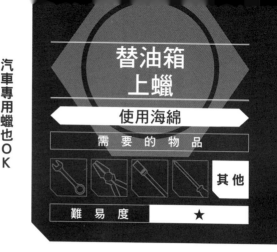

替油箱上蠟

使用海綿

需 要 的 物 品				其他

難 易 度	★

汽車專用蠟也OK

在金屬油箱部分上蠟的作業和為汽車上蠟時一樣，要先上蠟，等乾燥後，再用乾布擦拭。

為了避免沙塵及污物刮傷表面，最好先洗車，然後再進行作業。

車子的廠牌標誌部分等容易有蠟殘留，擦拭時要非常細心。

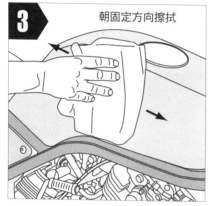

3　朝固定方向擦拭

等蠟乾燥後，再用乾布擦拭到沒有痕跡為止。

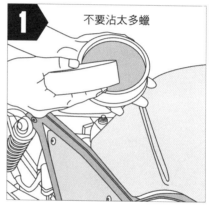

1　不要沾太多蠟

用蠟的包裝罐所附的海綿均勻地沾上蠟。

CHECK POINT!

要以直向與橫向上蠟

上蠟時，以畫圓的方式塗抹的方式是錯的，因為這樣會導致塗抹不均勻。因此，務必要先往橫向塗抹所有面積一次，接著再往直向塗抹。然後，只要用乾布擦拭，就不會有不均勻的狀況。

●所需物品──蠟（大約100元，可在機車用品店、大賣場購買）

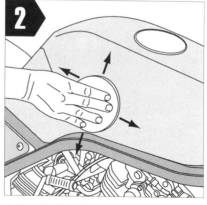

2

上蠟時不要過厚，而要均勻塗抹。

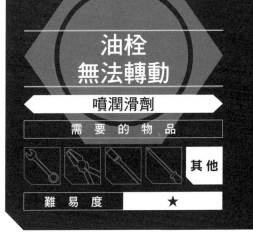

油栓無法轉動

噴潤滑劑

需要的物品

其他

難易度 ★

防止生鏽造成難以拆卸

設置在油箱旁邊的油栓因為沒有經常使用，而容易出現不易轉動的狀況。如果放著不管，有可能會變得無法轉動，因此，平常最好就要進行可動部分的保養。噴上潤滑劑，轉動兩、三次，油栓的轉動狀況就會獲得改善。

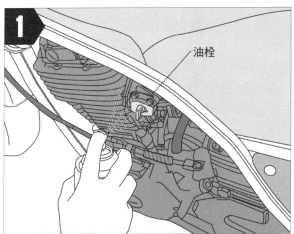

油栓

油栓（與預備油箱的切換裝置）的可動部分位於車體的最外側，因此，容易沾到髒污，周邊也容易生鏽。在油栓的拉桿變得無法轉動之前，就要噴潤滑劑，這樣不僅能防止生鏽，也能改善轉動情況。另外，由於潤滑劑要朝著引擎側噴灑，因此，作業完畢要記得將沾到引擎的潤滑劑擦乾淨。

CHECK POINT!

潤滑劑要適量

不只限於使用於油栓時而已，只要是有使用潤滑劑，都不要隨便大量噴灑，因為這樣也不會讓效果更好。比較重要的是要看潤滑劑有沒有均勻散佈在可動部分。如果要使用於像油栓這種小零件上，就要重點式的噴灑，這樣效果才會提高。

●所需物品──潤滑劑（大約120元，可在大賣場購買）

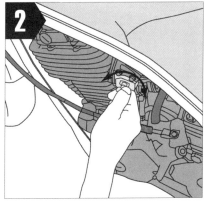

噴上潤滑劑後，轉動油栓兩、三次，讓潤滑劑均勻散佈。

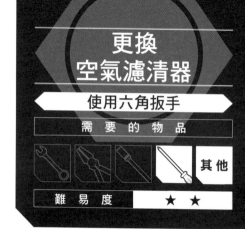

更換
空氣濾清器

使用六角扳手

需要的物品

其他

難易度　★ ★

拆除外裝零件

空氣濾清器與化油器合為一體，無法從外面看到。首先，為了要讓空氣濾清器露出，要用六角扳手將機車的側邊蓋拆掉。當你看到空氣濾清器的盒子，就將蓋子拿掉，取出裡面的空氣濾清器。

當裝有空氣濾清器的盒子的蓋子露出後，就用螺絲起子拆掉螺絲。

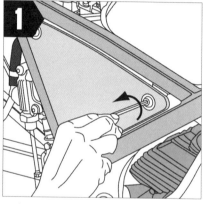

用六角扳手拆開固定側邊蓋的螺栓。有些車種可以直接用手拆除。

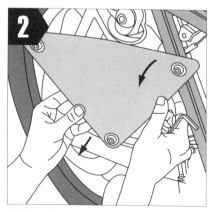

將螺栓拆除，或者拔掉扣環部分，然後再將側邊蓋往外側拉就可以拆掉。

CHECK POINT!　作業會因車種而異

　側邊蓋及空氣濾清器的固定方法會因車種而異，但不外乎就是直接拉就可以拆掉，或者有用螺絲固定住的其中一種。仔細觀察零件，當找不到螺絲或螺栓時，大部分都是只用扣環固定住而已。

●所需工具——六角扳手（大約250元，可在汽車用品店、大賣場購買）

拆掉空氣濾清器本體的螺絲

打開裝有空氣濾清器的盒蓋，就會看到裡面有負責過濾要進入化油器內空氣的空氣濾清器本體。當空氣濾清器沒有用螺絲固定住時，就表示是直接嵌入盒子裡的。它的大小會因車種而異，但基本形狀是四角形。這時候，可以確認空氣濾清器的髒污情況。

檢查髒污狀況，如有必要就要更換

拆掉空氣濾清器本體的固定螺絲後，直接用手取出空氣濾清器。由於過濾空氣的部分為紙製品，如果用力碰，就會破掉。因此，用手拿著時，要拿邊端的塑膠部分。另外，也有布製的濾網。

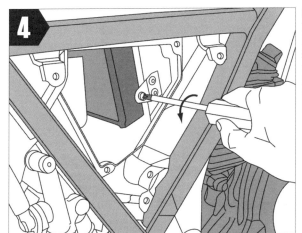

圍繞空氣濾清器的部分為塑膠製品，這個部分有固定用的螺絲孔。要使用螺絲起子拆除螺絲，但由於大部分的車種都只有固定單邊，因此，大部分是不需要將兩邊的側邊蓋都拆開的。

CHECK POINT! 空氣濾清器分為濕式及乾式

空氣濾清器分為濕式及乾式兩種。濕式是要在汽油滲透過濾器的狀態下使用；乾式則可以直接使用。如果是乾式的，在髒污狀況不嚴重時，就可以讓空氣將髒東西吹掉後再使用。
●所需物品──空氣濾清器（大約200元，可在機車用品店購買）

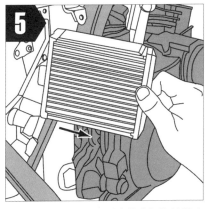

拆掉固定螺絲後，用手拿著空氣濾清器本體拔出。

油污要使用專用清潔劑

引擎周邊的污垢除了泥土等之外，還有油污。一般的髒東西及污泥可以用水沖洗，但油污則要用專用的零件清潔劑，效果會比較好。噴上零件清潔劑，然後用尼龍刷將污垢刷除。

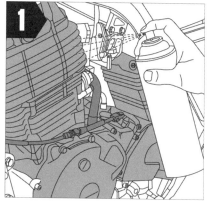

等全部的污垢掉落後，再用乾布擦拭。

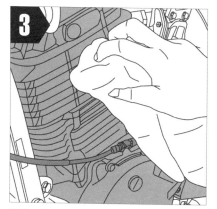

零件清潔劑在清潔引擎的冷卻風扇等部位時，是很方便的用品。

CHECK POINT!

柔軟的刷子最恰當

引擎部分的清潔要使用柔軟的尼龍刷。如果使用金屬的鋼刷，會留下擦痕。如果清潔的部位是平面，那麼只要在使用零件清潔劑後，再用乾布擦拭就可以了。

●所需物品——零件清潔劑（大約80元，可在大賣場購買）／尼龍刷（可在大賣場購買）

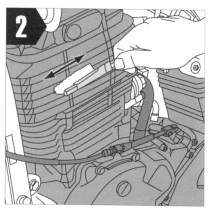

噴上零件清潔劑後，污垢會被分解，因此要使用柔軟的尼龍刷。

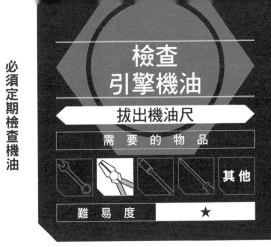

檢查引擎機油

拔出機油尺

需 要 的 物 品			其 他

難 易 度	★

必須定期檢查機油

檢查引擎機油量時,要使用機油尺。先將車體與地面保持在垂直的狀態,拔出機油尺。檢查機油尺前端的機油附著量與髒污度,就可以判斷機油的更換時期。另外,當你發現機油黏度降低時,也需要更換。

機油尺是用旋轉的方式固定,只要用手轉動,就可以拿出來。不過,有時候會因為熱度的影響而難以轉動,這時候可以用鉗子夾住旋鈕,輕輕轉動,這樣就可以鬆開。檢查前先發動引擎一下,讓內部的機油循環,這樣才可以判斷出正確的油量與髒污的程度。

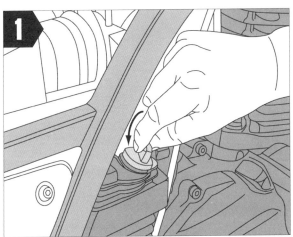

CHECK POINT! 檢查機油的減少狀況

引擎機油通常不太會減少。如果是二行程車輛的引擎機油,會隨著行駛而減少;但如果是四行程車輛,只要機油減少,就是危險訊號。當平常不太會減少的機油很明顯地減少時,很有可能是外漏到汽缸去了。這麼一來,就可以判斷為需要徹底檢修引擎了。

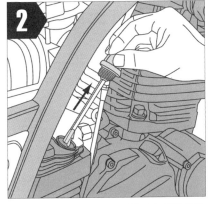

檢查附著在機油尺前端的機油量與髒污的程度,如果很髒就要更換。

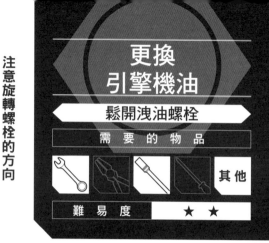

更換引擎機油

鬆開洩油螺栓

需要的物品

其他

難 易 度	★ ★

注意旋轉螺栓的方向

將套筒扳手套在引擎最下面的洩油螺栓並拆除。如果可以使用梅花扳手，就用梅花扳手。

將洩油螺栓拔掉後，機油就會流出來，因此要準備廢油盆承接廢油。

引擎內部的機油最好全部放出，因此要把車體放垂直，等待機油流出。

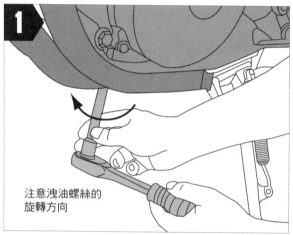

1

注意洩油螺絲的旋轉方向

鬆開引擎下側的洩油螺絲。由於是從下方伸手進去轉動螺栓，因此轉動套筒扳手的方向會變成相反的，這點要特別注意。洩油螺栓會在完全拆掉的瞬間落下，因此，為了避免它掉入廢油盆裡，必須以往上壓住的方式鬆開螺栓。

CHECK POINT!
暖機之後再進行作業

更換機油時，最希望的就是能將引擎內部的機油全部放光。這時候，如果在作業前發動一下引擎熱機，機油會更容易流出。另外，事先讓自動啟動馬達或腳踩啟動馬達稍微運轉一下，機油更容易流出。

如果清潔的是平面部位，只要在使用零件清潔劑後，用乾布擦拭即可。

●所需工具──廢油盆／引擎機油（400元起。可在汽車用品店購買）

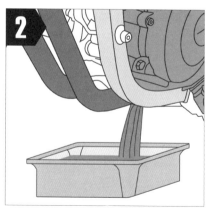

2

拆掉洩油螺絲後，把車體放垂直地搖動，這樣可以洩出更多機油。

機油的注入準備

引擎機油完全放掉後，鎖緊洩油螺絲，注入新機油。這時候，要確認洩油螺栓的墊圈有沒有劣化。墊圈可以防止油漏出，如果變形或劣化，就要換新的。

另外，如果墊圈沒有損傷或變形，就可以繼續使用。

鎖緊洩油螺絲，注入新機油

將墊圈組裝進去，鎖緊洩油螺栓後，就從機油尺的部分開始注入機油。事先將要注入引擎的油量放到漏斗裡，這樣比較方便。如果沒有漏斗，也可以直接從機油罐倒入。這時候，要先倒少一點，不足的量等後來再添補。

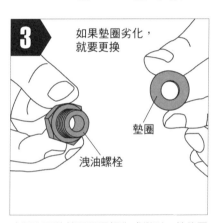

如果墊圈劣化，就要更換

墊圈

洩油螺栓

確認取下的墊圈是否損傷或變形，然後再組裝入洩油螺栓。

機油注入口

從機油尺部分慢慢地注入新機油。

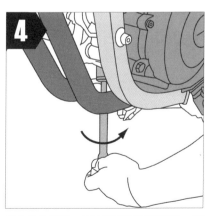

插入洩油螺栓，用套筒扳手緊緊鎖住，讓機油不會漏出。

CHECK POINT!　在機油注入後，再發動引擎

注入機油時，可以用機油尺確認油量，但作業不要就此結束，而是要再一次發動引擎。發動引擎約一分鐘後，再用機油尺確認油量，這樣應該多少都會減少一些。這時候，將減少的量再繼續補足，然後再用機油尺確認油量一次，這樣機油更換的作業就完成了。

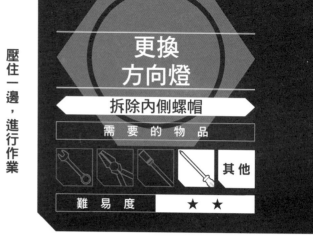

更換方向燈

拆除內側螺帽

需要的物品

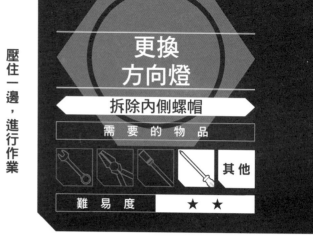

| 難易度 | ★ ★ |

壓住一邊，進行作業

方向燈在從本體伸出的支架上刻有螺紋，而那個地方也有一個螺帽固定住。這樣的設計叫做共同固定，在拆除時，只要轉動內側的螺帽，方向燈本體也會同時轉動，因此，要將螺帽與方向燈本體同時固定住，然後一邊鬆開螺帽。

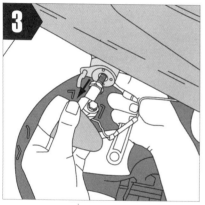

鬆開螺帽後，拆掉絕緣電線，從支架將方向燈本體拔下。

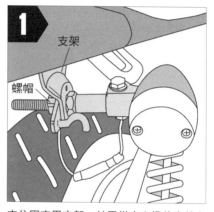

夾住固定用支架，並用從方向燈伸出的有螺紋的桿子和螺帽固定。

CHECK POINT! 注意固定螺帽

方向燈側上的螺帽是在要拆除內側的螺帽時，可以用工具固定的螺帽，因此，不可以隨意拆掉。而且，就算只轉動這個螺帽，內側的螺帽也會同時轉動，因此，必須用工具固定住這個螺帽，再轉動內側的螺帽。

●所需工具──活動扳手（可在大賣場購買）

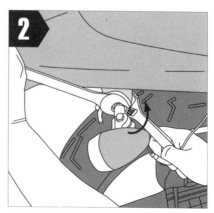

用螺絲扳手或活動扳手固定住方向燈側，同時鬆開螺帽。

方向燈不亮

更換燈泡

需要的物品

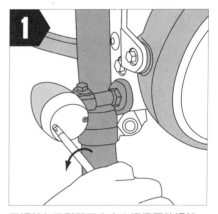

	其他

| 難 易 度 | ★ |

不要忘記放入防水套

更換方向燈燈泡時，只要拆掉燈罩，更換燈泡就可以了。

不過，方向燈燈罩裡有一個防水套，不要忘記放進去。由於就算沒有放入防水套，燈罩還是可以嵌入，因此最好將防水套放在醒目的地方，以免忘記。

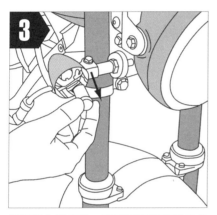

1 用螺絲起子鬆開固定方向燈燈罩的螺絲。

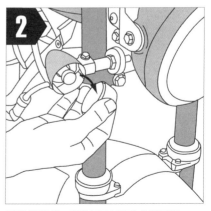

2 拆掉螺絲後，可以直接用手拿著拆除。

3 燈泡嵌在燈座裡，要壓著往逆時針方向轉，然後拔掉。

CHECK POINT!

方向燈的顏色必須是橘色

機車精品店有販售將方向燈的顏色改為白色的零件，但這很明顯是違反了道路交通安全法。正因為這項更換很簡單，任何人都可以進行改造，才要特別注意。法律除了有規定方向燈在一分鐘內的閃爍次數外，還規定方向燈在發光時，必須是橘色的。

●所需物品——方向燈燈泡（大約30元，可在機車用品店購買）

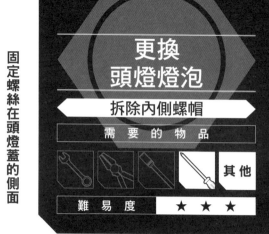

更換
頭燈燈泡

拆除內側螺帽

需 要 的 物 品

其他

難 易 度 ★ ★ ★

固定螺絲在頭燈蓋的側面

更換頭燈燈泡，必須先分解頭燈。拆掉頭燈蓋側面的固定螺絲，將燈罩拉出，就可以一分為二。透鏡側有燈泡與接頭，要先將連接著燈泡的接頭拆掉。

接頭

這裡有連接燈泡後面的電線與接頭，用手拿著接頭後拔下。

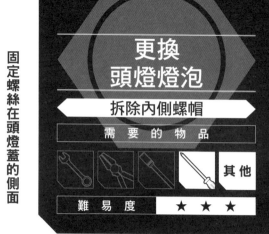

固定螺絲

用螺絲起子完全拆下頭燈側面的固定螺絲。

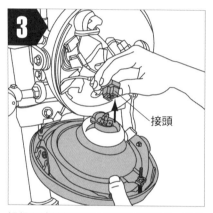

CHECK POINT!　不要遺失透鏡

　　將連接燈泡的接頭拔掉後，燈罩部分和頭燈蓋就會完全分離，因此，注意不要在作業中遺失。連接燈罩側的電線除了頭燈燈泡以外，有時候還有車寬燈的配線。

●所需物品——頭燈燈泡（大約500元，可在汽車用品店、機車用品店購買）

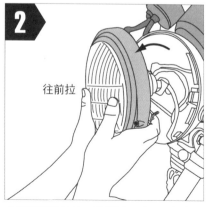

往前拉

拿著燈罩往前拉，這樣就可以和頭燈蓋分離。

98

拆掉固定用零件

將接頭從頭燈燈泡拔掉後，還有一個防水用的橡膠套，這個會自然脫落，因此要保管好。將固定燈泡的金屬環往逆時針方向轉動並拆除，但由於它有些部位很銳利，注意不要受傷。拆除固定環的作業，最好在紙箱上進行，以免損傷透鏡。

拔掉頭燈燈泡

拆掉固定環後，頭燈燈泡就處於活動的狀態，因此，可以用手拿著連接在接頭上的燈泡後部，從透鏡取出。接下來，只要將新燈泡插入就可以了。不過，插入位置有限定在某一個凹槽，因此要將燈泡固定在可以順利放入的位置。

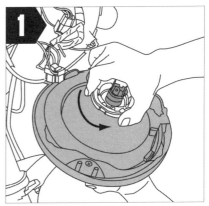

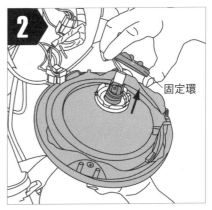

用手拿著燈泡固定環，往逆時針方向轉，鎖就會鬆落。

轉動固定環後直接取下，注意不要損傷燈泡的接點。

固定環

用手拿著已經外露的燈泡的金屬部分，然後往上拉出。

CHECK POINT! 不要損傷燈泡

頭燈燈泡的玻璃部分和燈絲非常纖細，除了拆除的時候外，在安裝至透鏡上的時候，也常會因為衝擊力而損壞。因此，最好先確認可以確實收納燈泡的凹槽後再插入。絕對禁止因為急著固定，而在插入燈泡後又喀喳喀喳地轉動燈泡。

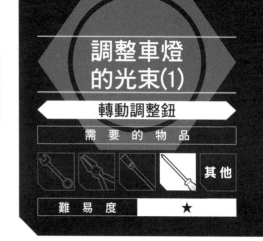

用螺絲確認左右

如果是將車燈固定在把手上的機車，那麼只要轉動把手，車燈也會朝相同的方向移動。因此，可以在將把手打直的狀態下，調整車燈讓它照向正面。車燈透鏡周邊的燈罩部分上的螺絲是調整螺絲，在這裡可以調整左右。

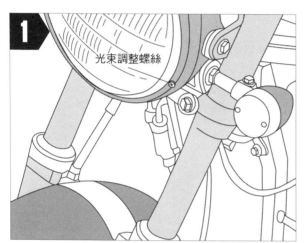

光束調整螺絲

從正面看車燈時，比透鏡更外面的那一圈外框上有螺絲。這個螺絲是為了調整車燈左右照射方向的調整鈕。在車燈外露的機車上，可以立刻找到這個調整鈕。但如果有整流罩，就要從車燈與整流罩的縫隙間去找。如果在有整流罩的機車上很難找到的話，只要把前整流罩取下就可以看見。

CHECK POINT! 將把手打直後再調整

調整車燈的左右照射方向時，要先將把手打直，而如果有中央支架的話，就在架起的狀態下進行作業。打開車燈，慢慢轉動調整鈕的螺絲，尋找直向照射的位置。如果在暗處，讓車燈對著牆壁照射，這樣比較容易找出正確的照射位置。

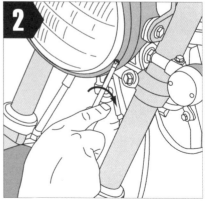

用螺絲起子調整左右，只要鎖緊螺絲，車燈就會朝向調整鈕的方向。

調整車燈的光束(2)

上下移動車燈

需 要 的 物 品

其他

難 易 度　　　★

調整到可以確實照射前方

鬆開固定車燈本體的左右螺栓，就可以藉由上下移動車燈本體來調整光束。將車體置於平坦的場所，一點一點地將車燈的光束調整到最適當的位置。最好將近光燈調整到照射前方約1.5公尺的程度。

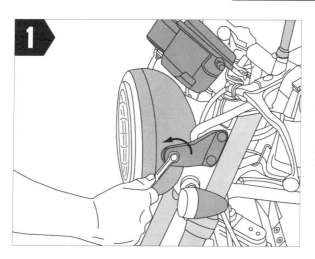

用梅花扳手鬆開車燈左右的螺栓。這時候，如果將螺栓完全拆除，固定車燈內部的螺帽會掉落，因此要特別小心。將螺栓轉開約2圈，車燈本體就可以上下移動，因此可以在鬆開螺栓的同時移動車燈看看，等到車燈可以移動時，就先暫時固定。

CHECK POINT!　光束要謹慎調整

機車在前進加速時，前輪會翹起。因此，即使只將光束稍微往上調整，也會在夜間騎乘時影響到對向來車，因此，要謹慎調整。另外，有些機車的螺絲不在車燈左右，而在對角線上，但也是同樣可以靠鬆開、鎖緊的方式來調整上下。總之，在作業前要先行確認。

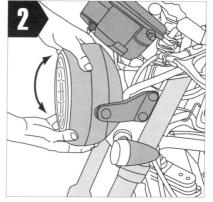

上下移動車燈，將光束調整到最適當的位置。

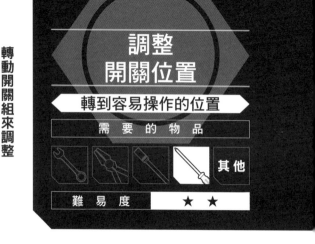

轉動開關組來調整

喇叭、車燈、方向燈等的操作開關會集中在同一個位置，在此稱為開關組。因此，要將它們調整到在行駛中容易操作的位置。首先，鬆開收納開關組的盒子下方的螺絲，轉到自己最容易操作的位置。但這樣的調整，嚴禁做大幅的移動。

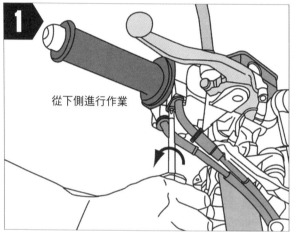

從下側進行作業

鬆開安裝著開關組的盒子下方的螺絲，連同盒子一起轉動、調整。如果是油門側的調整，也可以同時調整方向燈、喇叭、引擎啟動器、車燈等的位置。另外，也可以進行些微的左右調整。

CHECK POINT!

螺絲不要完全拆除

如果將安裝開關組的盒子上的螺絲完全拆除，盒子就會上下分離成兩個。如果要全部更換開關類，就可以這樣做。但如果只是要稍微調整，就只要鬆開到某種程度就可以了。另外，要往左右調整時，務必要確認在操作油門時，手指也能碰到開關。然後再調整到自己最容易操作的位置。

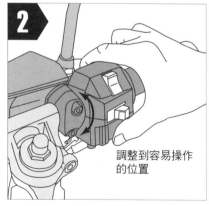

調整到容易操作的位置

要在實際握住油門與煞車拉桿的狀態下，確認操作上是否有問題。

儀表板的燈不亮

拔掉插座

需要的物品

其他

難易度 ★

從儀表板的內側進行作業

儀表板上有顯示各種功能的燈。方向燈、遠光燈、空檔、各警示燈等。這些燈的燈泡壞掉時，可以從儀表板內側拔掉燈座，進行更換。有些車種必須另外進行車燈拆裝的作業。

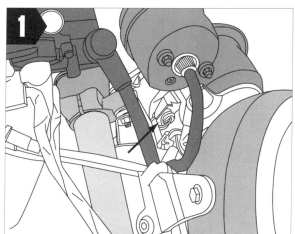

1

檢查準備更換燈泡的顯示燈內側，每個燈座都有連接絕緣電線。絕緣電線前端有防水的橡膠套，用手拿著這個套子，將燈座拔掉。不要拉著電線，而要拿著橡膠部分拔掉。

CHECK POINT!

手碰不到時就要拆開零件

更換各種顯示燈的燈泡時，只要把燈座拔掉，更換燈泡就可以了。不過，當手碰不到燈座時，或者燈座被隱藏在其他零件下時，就先將會妨礙的零件拆除後再作業。如果車燈也會妨礙，就將車燈連蓋子一起取下，等有充分的空間後，再進行作業。

●所需物品──燈泡（大約30元，可在機車用品店購買）

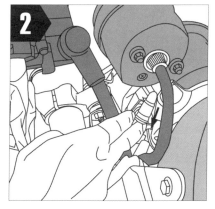

2

拔掉燈座後，上面會嵌著燈泡，拿著燈泡拔出，就可以進行更換。

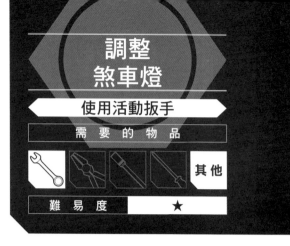

調整
煞車燈

使用活動扳手

需	要	的	物	品	
					其他

難 易 度	★

確認要套上扳手的位置

只要調整可以控制煞車燈亮燈時機的調整鈕,就可以決定煞車燈要在踩踏煞車踏板時的哪一個時機亮燈。由於煞車踏板有遊隙,可以讓煞車燈在煞車開始作用的同時亮燈。

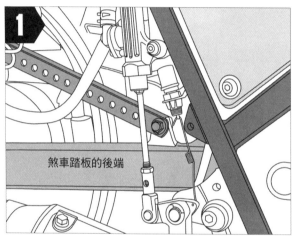

1

煞車踏板的後端

煞車踏板後面裝有連接到儲備槽的桿子、連接到控制煞車燈亮燈時機的調整鈕的桿子或彈簧。因此,要在仔細掌握踏板附近的構造後,再進行作業。

CHECK POINT! 注意不要弄壞螺帽

煞車燈的調整鈕在開關部分。這個開關部分大多不是金屬製,而是塑膠製品,因此,調整鈕的螺帽以及螺紋部分都不是很堅固。在用活動扳手轉動時,注意不要用力硬轉,以免弄壞螺帽。

●所需物品——活動扳手(大約700元,可在大賣場購買)

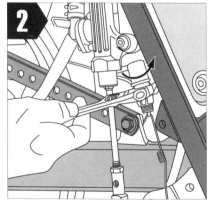

2

調整鈕的螺帽比較大,可以調整寬度的活動扳手是最適當的工具。

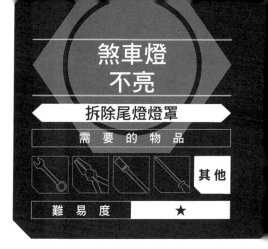

煞車燈
不亮

拆除尾燈燈罩

需 要 的 物 品

其他

難 易 度　　★

燈罩蓋只用螺絲固定

尾燈燈罩裡面有個與後煞車一起產生作用的煞車燈。如果煞車燈不亮，就鬆開尾燈燈罩的螺絲，拆掉燈罩蓋，裡面有反光板和燈泡，只需將燈泡取下更換。更換後，將燈罩蓋放回，再用螺絲鎖緊固定。

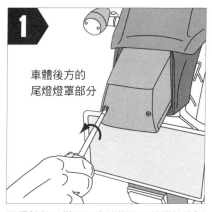

煞車燈用的燈泡上有小突起，因此要壓著往逆時針方向旋轉取出。

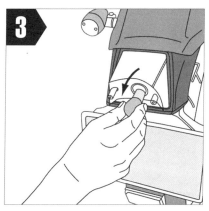

車體後方的尾燈燈罩部分

用螺絲起子鬆開固定尾燈燈罩的螺絲後拆除。

CHECK POINT!　使用煞車燈用的燈泡

　　煞車燈用的燈泡有兩個燈絲。其中一個是在開車時燈就會亮的燈絲，另外一個是在踩煞車時會更加明亮的燈絲。燈泡的外觀雖然相同，但它的特徵是在尾巴部分有兩個接點。購買時，記得要選有兩個燈絲的燈泡。
●所需物品──燈泡（可在機車用品店購買）

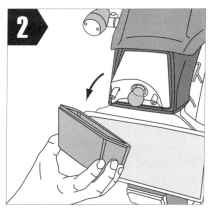

將尾燈燈罩的固定螺絲拆除後，用手拿著燈罩拆除。

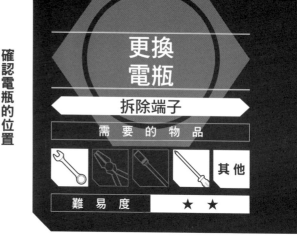

需要的物品

其他

難易度　★　★

確認電瓶的位置

機車電瓶的裝置場所會因車種不同而有微妙的差異，但大部分是設置在座墊下方，或者是在側邊蓋的最裡面。電瓶的正端子與負端子都要拆除，但要先從負端子開始拆除。拆掉端子電線後，就可以拆下本體。

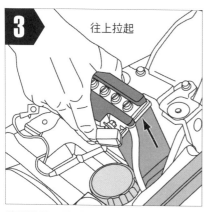

3 往上拉起

將兩條端子電線拆掉後，就可以拆除本體。電瓶相當重，小心不要掉落。

1 從負端子側開始作業

電瓶的端子大多屬於可以用螺絲起子拆掉的類型。

CHECK POINT!

注意電瓶的固定方向

拆除電瓶時，必須先記住哪一邊是正端子。這是因為正端子與負端子的電線長度不同，如果放反了，電線就會拉不到端子去。另外，在安裝時，要從正端子開始連接。
●所需物品──電瓶（大約500元，可在汽車用品店購買）

2

端子螺絲有螺栓和螺帽固定，但螺帽很小，注意不要遺失。

腳踏車

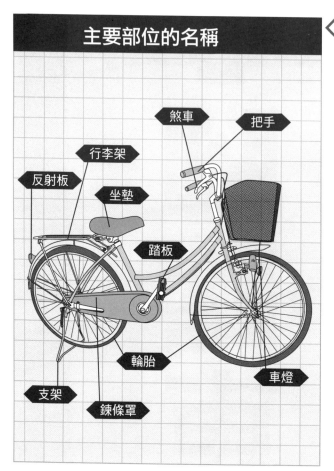

主要部位的名稱

煞車

把手

行李架

反射板

坐墊

踏板

輪胎

車燈

支架

鍊條罩

腳踏車

腳踏車是一種既普及、任何人都能夠輕鬆騎乘的交通工具，不過，它的歷史相當久遠，可以追溯到約190年前。當時的腳踏車還沒有踏板，是靠雙腳交替踩踢著地面前進，因此，騎乘起來並不舒服。

但是，現在的腳踏車已改良的很完善，不僅騎乘時更加舒適，也更安全。腳踏車的特徵是不需要困難的維修保養，只要懂得步驟，任何人都能自行修理。

對不擅長作業人的來說，調整煞車及爆胎處理等，或許會讓你感到些許排斥。但是，只要試著做做看，就會發現除了這些狀況外，其他都是連小學生也能夠輕易進行修理的簡單作業。希望大家能夠藉這本書，試著接觸這個可以輕鬆騎乘的腳踏車。只要學會自行修理，今後應該會更愛它。

108

煞車桿很難握

改變角度

需　要　的　物　品				
				其他

難　易　度	★　★　★

鬆開固定的螺絲

首先把固定於把手上的煞車桿固定螺絲鬆開。螺絲鬆開後，只有煞車桿的部分會以把手為中心旋轉，這時候，將煞車桿移到適合自己手掌大小的位置，然後再用螺絲固定。在握著把手，伸長手指的狀態下，可以碰到煞車桿的位置就是最適當的位置。

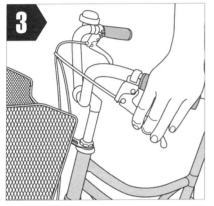

在鎖上螺絲前，握住握把與煞車桿，確認煞車桿的位置與手掌大小是否相符。

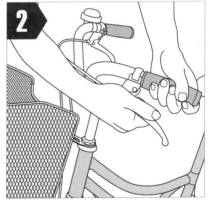

鬆開至煞車桿可以活動的程度

鬆開固定部分的螺絲，讓煞車桿可以活動。

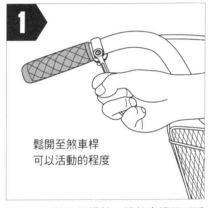

握著煞車桿轉動，並調整至適合自己的位置。

CHECK POINT!
注意煞車線的距離

　　調整煞車桿的角度時，煞車線的安裝位置也會跟著改變。如果煞車桿的角度不恰當，那麼在轉動把手時，煞車線就會被拉緊，而呈現煞車狀態，造成危險，因此需特別注意。另外，考慮到騎乘的問題，最好將煞車桿調整到可以自然握緊的位置。

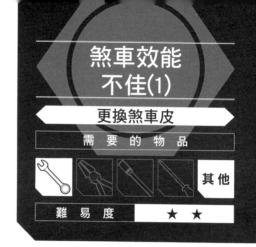

煞車效能
不佳(1)

更換煞車皮

需要的物品

其他

| 難易度 | ★ ★ |

重要的安裝位置

煞車用的橡膠皮分別以螺帽固定住。只要將螺帽拆掉，就可以進行更換。煞車皮的構造是從輪胎左右夾住輪緣，讓腳踏車停住，因此，在安裝的時候，要在握住煞車的狀態下，仔細確認橡膠皮是否有貼緊輪緣。

在握住煞車的狀態下，確認橡膠有沒有確實貼緊輪緣，然後再固定。

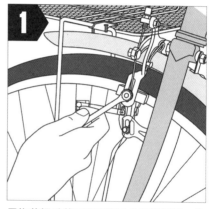

用梅花扳手將固定橡膠皮的螺帽鬆開，進行更換。

CHECK POINT! 決定位置後再固定

更換橡膠皮時，要避免突然完全固定住新橡膠皮，要先稍微固定，然後再將煞車桿握到底。在這個狀態下，只要橡膠皮表面能夠整體接觸到輪緣的話，就是正確的位置。

●所需物品——橡膠皮（大約35元，可在腳踏車店購買）

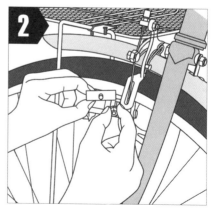

每一個煞車用的橡膠皮都有一個固定用的螺帽。螺帽要妥善保管，不要遺失。

煞車效能不佳(2)

調整後輪煞車的遊隙

需要的物品

其他

難易度　　　★

利用煞車線的鬆緊度來調整

即使後輪煞車為鼓煞，還是要靠煞車線來作用。因此，調整遊隙也可以藉由調整煞車線的鬆緊度來進行。先鬆開調整鈕的固定螺帽，然後轉動調整鈕，將遊隙調到最適當的量。

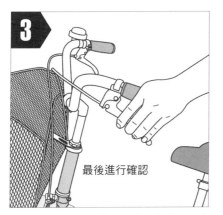

3

最後進行確認

實際握住後輪的煞車桿，確認遊隙是否適度。

CHECK POINT! 形狀不同，但運作方式相同

由於前輪煞車與後輪煞車的形狀不同，因此，難免會令人感覺是完全不同的東西。但其實運作的系統是相同的。前後煞車都會因為煞車桿被握住而拉緊煞車線，並藉由煞車皮的摩擦力讓腳踏車減速。不過，如果使用的是鼓煞，煞車皮就會從內側產生摩擦力。

1

用扳手鬆開連接後輪煞車的煞車線的固定螺帽。

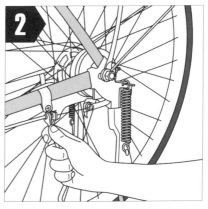

2

從調整鈕調整煞車線的鬆緊度。用手轉不動時，就改用扳手。

煞車效能
不佳(3)

調整煞車的遊隙

需　要　的　物　品				其他

難　易　度	★

只要理解構造就不難了

　　腳踏車的前輪煞車是經由煞車線，讓煞車皮壓住輪緣以產生摩擦力使車子停住的。只要瞭解這個構造，調整煞車的遊隙就一點也不難了。首先，將位於煞車線上的調整鈕的固定螺帽鬆開。

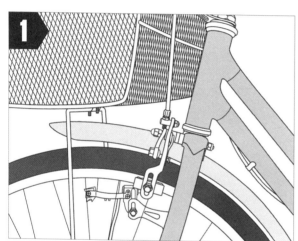

圖片裡的是名為「橫拉式」的煞車，許多腳踏車都採用這種方式。煞車桿越握到底，煞車線就會越緊，而煞車皮就會壓住輪緣，讓車子減速、停住。這種構造就是如此簡單。而藉由調整煞車線的鬆緊度，就可以調整煞車遊隙。

CHECK POINT!
只有兩處需要作業

　　調整煞車效能時，需要作業的位置只有固定螺帽和調整鈕。除了這些外，煞車部分還包括煞車線與固定煞車線的零件，但這些都不要去碰。特別是煞車桿附近的煞車線並沒有調整機能，因此不需要去動到。不過，如果必要的話，可以將會妨礙作業的零件拆掉。

使用扳手鬆開可以調煞車線鬆緊度的調整鈕部位的固定螺帽。

利用調整鈕調整鬆緊度

鬆開固定螺帽後，轉動調整鈕，調整煞車線的鬆緊度。用調整鈕拉緊煞車線，煞車遊隙也會變小，只要稍微握住煞車桿，煞車就會生效。相反地，如果放鬆煞車線，就得用力握煞車桿，否則不容易煞車。

調整遊隙後，記得鎖緊並確認

從調整鈕調整煞車遊隙到自己喜歡的狀態後，就要鎖緊固定螺帽，然後實際騎乘一下，確認狀況。當你發現沒有握煞車桿，車子也會煞住，或者煞車效果不佳時，就表示沒有調整好，因此要再尋找最適當的遊隙。

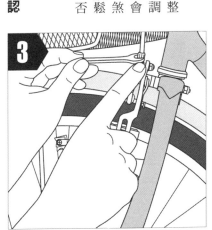

轉動調整鈕，調整煞車線的鬆緊度。用手無法轉動時，就改用扳手。

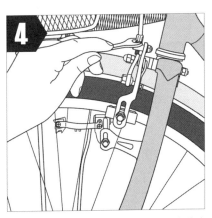

調整後要確實鎖緊固定螺帽，以防騎乘時鬆脫。

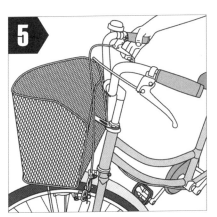

實際試騎一下，握住煞車檢查是否調整恰當。

CHECK POINT! 並非煞車的效能變好了

調整遊隙不代表煞車性能提高。這只是要讓握住煞車桿的力量更容易直接傳達到煞車皮，讓人感覺只要稍微施力就可以輕鬆煞車。這是因為煞車的生效點改變了。自己握住煞車桿，調整到可以輕鬆煞車的位置，這才是最重要的。

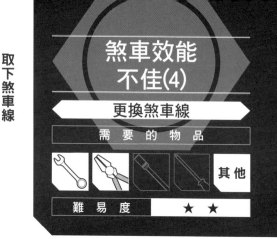

取下煞車線

煞車線有一端是固定在煞車皮部分，要先將這個部分的螺帽鬆開。

如此一來，煞車線只剩下固定在煞車桿上的部分。這時候，只要鬆開調整鈕部分的固定螺帽，一邊的煞車線就完成拆卸的作業了。

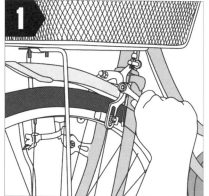

只要將煞車線的接頭與調整鈕取下，煞車部分的拆卸作業就完成了。

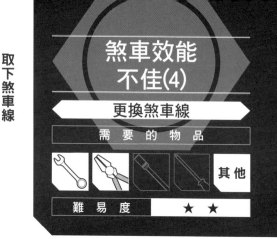

鬆開固定煞車線前端的螺帽，從支點部分拆掉。

CHECK POINT!

調整鈕不必和煞車線分開

煞車線是從線頭與調整鈕部分來固定的，但由於調整鈕本身與煞車線為一個整體，因此不需讓它們分離。在後續的作業中，當煞車線完全脫離車體時，要記得先確認它的構造。

●所需物品——新煞車線（大約20元，可在大賣場購買）

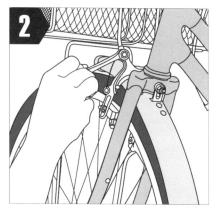

調整鈕是靠支點部分固定住的，因此，這個部分的螺帽也要先拆除。

拆掉煞車桿的鈕片

煞車部分的作業結束後，就開始拆掉煞車桿。這裡的作業只要將名為鈕片的部分拔掉就可以了。煞車線頭有一個圓形的固定物，把這個從煞車桿上拿掉，煞車桿就可以和車體完全分離。

另外，如果煞車線上有防塵罩的話，也要一起拿掉。

拉煞車線

更換時，要先將鈕片插入煞車桿，然後再固定調整鈕。最後，將用來固定煞車皮的煞車線調整到最佳位置，這時要用鉗子拉著煞車線前端，一邊拉，一邊鎖緊固定螺栓。鉗子夾住的部分需為金屬蓋。

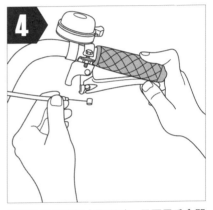

將鈕片從煞車桿上取下時，只要用手拿開就可以了。

以顛倒的步驟固定鈕片與調整鈕，再用鉗子調整煞車線的固定位置。

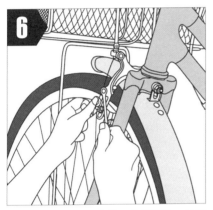

確定最適當的煞車線的固定位置後，就用梅花扳手鎖緊螺帽。

CHECK POINT! 能夠用鉗子拉的構造

煞車線的末端構造為金屬製的蓋子，這是為了讓人在調整煞車線的鬆緊度時，可以用鉗子等工具夾住。由於很難直接用手拉，最好還是使用工具。不要使用尖嘴鉗等，而要使用前端較寬的鉗子，或者老虎鉗等，往下方拉。

第三章

腳踏車 煞車效能不佳(4)

115

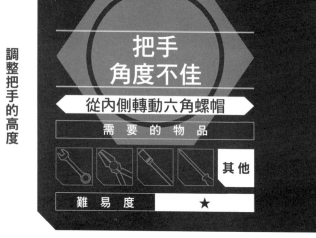

把手
角度不佳

從內側轉動六角螺帽

需 要 的 物 品

其他

難 易 度　　★

調整把手的高度

把手的中央部位有可以調整中心的六角螺帽，而其內側藏有可以變更把手角度的六角螺帽。

如果不往下看，就看不見，因此，在作業前，要先確認位置。有些設計是隱藏在車籃裡，因此要仔細檢查確認。

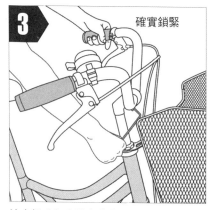

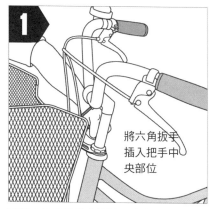

將六角扳手
插入把手中
央部位

決定把手角度與高度後，在該狀態下，鎖緊內側的六角螺帽。

確認六角螺帽的位置後，套上六角扳手，逆時針轉動就可以鬆開。

CHECK POINT!
嚴禁極端怪異的騎乘姿勢

調整把手角度與高度時，要適當。重點是要讓把手的握把和地面呈水平狀。如果角度太斜，那麼在轉動把手時，煞車線會拉緊，而使煞車自行作用，那就太危險了。

●所需物品──六角扳手（大約180元，可在大賣場購買）

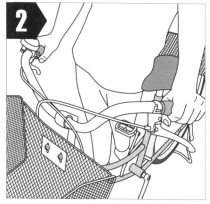

鬆開螺帽後，握住把手，依照自己習慣，上下調整位置。

確實鎖緊

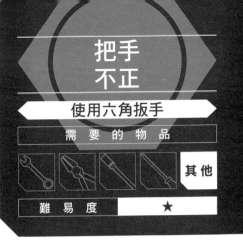

把手不正

使用六角扳手

需要的物品

			其他

難易度	★

從把手的安裝部分做調整

把手部分是用六角螺帽固定的，如果因為強力撞擊、或者螺絲鬆弛的話，中心就會歪掉。這時候，可以鬆開把手中心部分的六角螺帽來做調整。中心已經歪掉的把手要先鬆開螺帽，再進行調整。

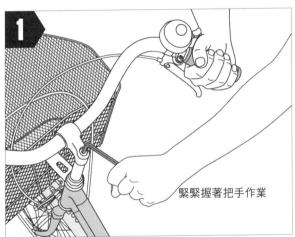

1

緊緊握著把手作業

在連接把手中心的Y字中心部位，有一個六角螺帽。套上六角扳手鬆開螺帽，就可以調整把手的中心。有些腳踏車鎖六角螺帽的地方有保護套，那只要用螺絲起子等就可以輕易取下。

CHECK POINT!
六角扳手的使用方法

市面上販售的六角扳手通常有直角的彎曲。這個彎曲不只是設計而已，而是要讓你可以視作業需要，自行選擇要使用的一端。轉動六角螺帽時，如果需要用力轉動，就握較長的那一端，而要拆除鬆弛的螺帽時，就使用短的那一邊，如此可提升作業的效率。

● 所需物品——六角扳手

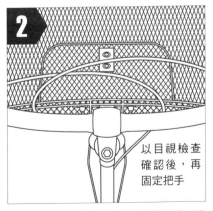

2

以目視檢查確認後，再固定把手

鬆開六角螺帽後，從正上方看著把手，確認把手和輪胎是否呈直角狀態。

安裝車鈴

用螺絲固定

需 要 的 物 品				
				其他

難 易 度	★

環繞著把手安裝

腳踏車的車鈴要安裝在把手上。安裝方法就是將車鈴的環狀部分固定於把手上。首先在把手上套入環狀部分，用螺絲鎖緊，此時環狀部分會變緊，可以牢牢固定。最理想的安裝位置是距離握把的橡膠約5公分的地方。

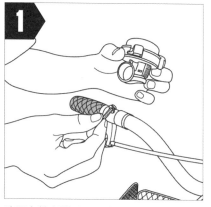

確認車鈴本體以及固定用的螺絲狀況。有些車鈴是以螺帽固定的。

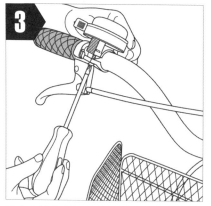

將車鈴的環狀部分套在把手上，並調整至要安裝的位置。

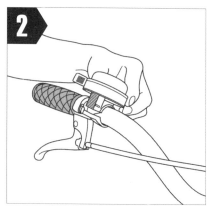

決定車鈴的安裝位置後，將螺絲插入後用螺絲起子鎖緊固定。

CHECK POINT! 安裝在容易操作的位置

要將車鈴安裝在握著把手就可以按到的位置。一般都裝在右側的把手上，這樣在騎乘時比較好操作。如果覺得用左手比較順手的人，就可以將車鈴安裝在可以用食指拉到車鈴拉桿的左側位置。

●所需物品──新車鈴（大約50元起，可在腳踏車店購買）

角度調整與車燈保養

車燈的維修保養中包含了角度的調整與透鏡的清潔。點亮車燈時，要確認光線是否確實地照射到前方，如果照射位置不正，就要拿著透鏡部分調整角度。另外，還要確認透鏡部分有無破損，並用柔細的布擦拭。

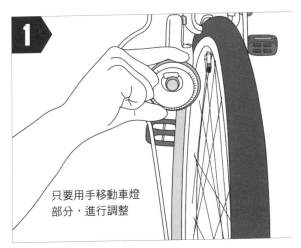

1

只要用手移動車燈部分，進行調整

將車燈的照明角度調整至在夜間騎乘時，可照明前方的方向。發電機和車燈的方向無關，因此不須調整，只要將車燈部分調整到最適當的角度即可。車燈的本體內側與發電機的連接部位可在某個限定的範圍內調整位置。不過，要注意調整範圍不能太大。

CHECK POINT!　輕輕調整透鏡位置

車燈雖然具備透鏡位置的調整機能，但其可動範圍一般只有上下左右約 1 公分的距離。無法做大幅調整，因此，要小心因為用力過猛而故障。另外，即使只是稍微移動 1 公分，照射的範圍卻會有很大的不同，因此，最好在夜間騎乘時再調整。

●所需物品──柔細的布

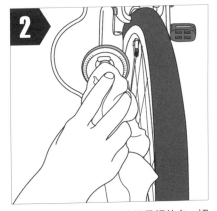

2

擦拭透鏡的表面時，要使用柔細的布，切記不可使用含有溶劑的清潔劑。

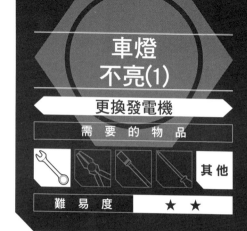

車燈
不亮(1)

更換發電機

需 要 的 物 品

其他

難 易 度　　★ ★

有三個固定用螺絲

在此要將負責點亮車燈的發電機整個更換。發電機是固定在一個與前叉以焊接的方式連接的支架上的。請記住以下這個順序，發電機是用螺栓、螺帽、墊圈固定在支架上。以下。由於墊圈很薄，要小心收好，不要弄丟。

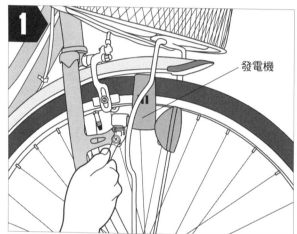

1 發電機

固定發電機的是一般的螺栓和螺帽。螺栓上有方便螺絲起子轉動用的溝紋，但為了確實鬆開，最好還是用梅花扳手拆除。另外，墊圈是為了防止螺帽跟螺栓同時轉動的零件，和一般的墊圈在形狀上有差異，阻力也比較大。

CHECK POINT!
只有兩處需要作業

如果沒有墊圈，在鬆開螺栓時，螺帽會跟一起轉動。如果安裝位置的內側向發電機一樣是輪幅部分，就沒有放入工具的空間，因此才使用這個。雖然沒有墊圈也能固定住，但經常會在拔下螺栓時就掉落，因此要特別注意。

●所須物品──發電機（大約1000元，可在腳踏車店購買）

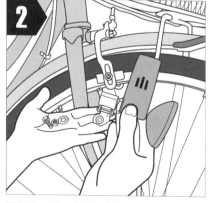

2

要記住螺栓、螺帽、墊圈的組裝位置與順序。

在安裝前確認螺栓

安裝發電機時，只要用螺栓固定到支架上就可以了。這時候，需要注意不要弄錯螺栓、螺帽、墊圈的順序。插入螺栓後，從支架的內側，依照墊圈、螺帽的順序安裝。

讓滾輪貼近輪胎側面

輪胎轉動時，發電機的滾輪會跟著轉動並發電，因此，要慎重確定固定位置。原本應將滾輪設在會碰到輪胎側面的位置，但是由於支架有經過長孔加工，因此，發電機的裝置位置可以上下調整，安裝時要在放倒發電機的狀態下，將滾輪固定在會接觸到車輪部分的位置。如果裝得太下面，滾輪會碰到輪緣，而如果裝太上面，滾輪就不容易藉由輪胎的力量轉動，因此要非常注意固定位置。

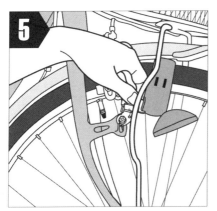

如果滾輪接觸到輪緣，就要將發電機的位置往上移並固定。

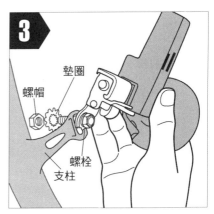

墊圈
螺帽
螺栓
支柱

將螺栓插入，夾住支架，記住要依照墊圈、螺帽的順序安裝。

CHECK POINT! 並非煞車的效能變好了

發電機的滾輪接觸到輪胎時，就會產生相當的阻力與震動。但在這個狀態下，螺帽也不會鬆弛、脫落，這就是墊圈的作用。如果沒有裝墊圈就固定住，那麼，即使將螺栓鎖得非常緊，還是會鬆弛。

●所須物品——墊圈（可在大賣場購買）

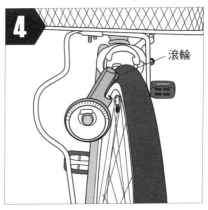

滾輪

確認在發電機放倒的狀態下，滾輪會接觸到輪胎側面。

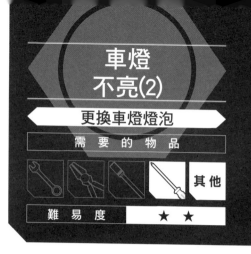

更換車燈燈泡

需 要 的 物 品

其他

難 易 度 ★ ★

插入螺絲起子並拆除

車燈是由透鏡部分與本體這兩種零件所組成的。要更換燈泡時，首先要將透鏡部分取下。由於車燈上有拆卸專用的刻痕，只要將螺絲起子插入即可撬開。當透鏡為旋轉式時，就以逆時針方向轉下。

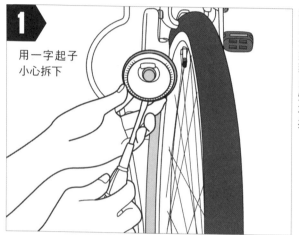

用一字起子
小心拆下

1

插入一字起子，輕輕撬開，就可以取下透鏡部分。透鏡周邊為塑膠製，如果過於用力，可能會破裂。因此，要小心作業。另外，如果是旋轉式的車燈，只要同時握著透鏡與本體拆下，就可以防止破損。

CHECK POINT!

舊車燈容易破裂

　塑膠製的車燈部分長期暴露在風雨中的話，就會變得易裂。特別是在拆除透鏡時，如果用螺絲起子施力時，扣環有時候會因為這個外力而破損。如果本體及透鏡部分破裂，可以不更換，而以三秒膠做緊急處置。

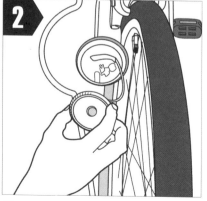

2

鬆開固定透鏡的扣環，直接在電線連接的狀態下拆除。

燈泡要連燈座一起拆下

更換燈泡時，要將有連著電線的燈座從透鏡的反射鏡拔下。如果不握著電線，而用手指捏著燈座部分拉下的話，就會和燈泡一起脫落。除了電線很細外，與燈泡連接部分也只以焊錫固定，因此，在拉的時候，千萬不要太粗魯。

轉動燈泡取下

燈泡以旋轉的方式旋入燈座，因此無法直接拉起來。必須拿著玻璃部分，以逆時針方向旋轉取下。

安裝燈泡時，以順時針方向將燈泡旋入燈座。無法順利旋入時，要確認燈座是否已經變形。

更換燈泡後，將燈泡壓入透鏡，再將透鏡嵌入本體。

燈座會以電線與本體連接，注意不要拉斷電線。

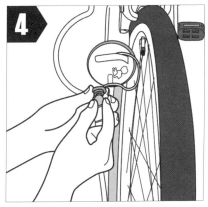

拿著燈座部分，將燈泡往逆時針方向轉，就可以取下。

CHECK POINT!　將電線確實收納

更換燈泡後，將透鏡部分組合到本體上，這時候，要將電線確實收回本體裡面。由於電線有預備長度，作業時要注意將電線收進本體，不要弄斷電線。

●所須物品——燈泡（可在腳踏車店、大賣場購買）

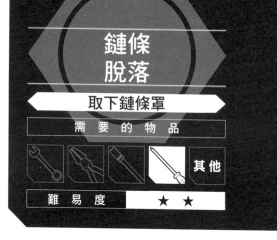

鏈條脫落

取下鏈條罩

需 要 的 物 品				其他

難 易 度	★ ★

移開鏈條罩

鏈條脫落時，要拆下鏈條罩，重新將鏈條掛回齒輪。當鏈條部分全部被鏈條罩覆蓋時，就拆掉一部份的鏈條罩，讓鏈條部分露出。只要將踏板部分的鏈條罩移開，就可以看見齒輪，進行作業。

1

踏板的轉動部分有鏈條罩的螺絲。只要拆掉這個螺絲，大多可以看見轉動的大齒輪，因此，在移開這個鏈條罩後，就可以開始作業。每一家車商所設計的拆除鏈條罩的螺絲位置都不同，但基本上都是只以螺絲固定，因此可以立即拆掉鏈條罩。

CHECK POINT!
生鏽的螺絲要壓著拆除

螺絲生鏽時，有時候會很難鬆開。這時候，如果硬用力轉動螺絲，會損傷螺絲頭的溝痕。當溝痕損壞，就無法再用螺絲起子拆除，因此，難以拆除的螺絲要先塗上潤滑劑。塗完後放置一會兒，再用螺絲起子壓著轉動，這樣就可以在不損傷溝痕的狀態下拆除。

2

鏈條罩不需要完全拆掉，只要在作業時，將其掛在踏板部分就可以了。

確認鏈條的脫落狀況

鏈條脫落大致可以分為往齒輪內側以及往齒輪外側脫落兩種。往外側脫落時，只要將鏈條拉起，將鏈條掛到部份的齒輪上就可以修好。往內側脫落時，要使用螺絲起子，將鏈條從內側拉出來，進行作業。當然，重要的是要將鏈條拉到外側。

掛上鏈條後，轉動踏板

將脫落的鏈條重新掛回齒輪上，但脫落的鏈條無法一次全部掛上去。因此，只要將一部分掛回齒輪，然後轉動踏板，讓鏈條慢慢與齒輪咬合。儘量從上面的部位掛回齒輪，然後往前進方向轉動踏板，這樣就可以順利修好。

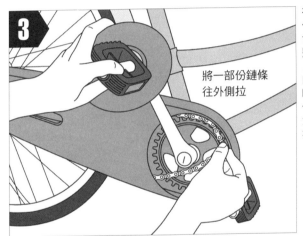

3 將一部份鏈條往外側拉

在鏈條脫落的狀態下進行作業，為了讓鏈條能夠與齒輪咬合，因此，最少要將一部分鏈條往外側拉出。然後，拿著鏈條拉出的部分，掛到齒輪上。這時候，不要讓手被齒輪割傷。由於鏈條上塗有潤滑油，作業時注意不要滑掉。

CHECK POINT! 注意不要被齒輪割傷

將鏈條掛到齒輪上時，務必要從旁邊捏著鏈條拿起來。然後，再從齒輪上方掛上去。如果不這樣作業，手指頭可能會夾到鏈條與齒輪之間。鏈條有時會因為鏈條油的關係而滑落，因此，在將鏈條罩取下後，戴上厚手套進行作業比較安全。厚手套可以防止受傷，最好平常就有一組備用。

4 讓後輪離地

將一部分鏈條掛到齒輪上，然後直接轉動踏板，讓鏈條與齒輪全部咬合。

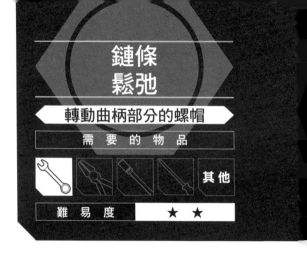
用調整螺絲調整

當鏈條失去適度的鬆弛度時，就會造成鏈條脫落。將固定後輪的曲柄部分的螺帽稍微鬆開後，用梅花扳手調整調整鈕。只要移動調整螺絲，就可以調整鏈條的鬆緊度。

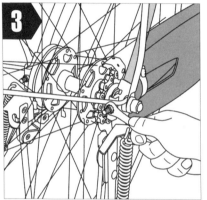

將梅花扳手套上調整螺絲，移動螺帽直到調整出最適當的鬆緊度。

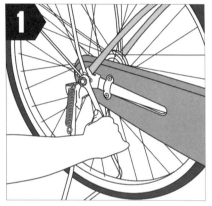

鬆開固定後輪的曲柄部分的螺帽。

CHECK POINT!

左右同時調整

轉動調整螺絲可以調整鍊條的鬆緊度，但車輪的左右各有一個調整螺絲，因此，兩邊都要進行相同的作業。如果只調整一邊，後輪就無法朝著前進方向直線轉動，因此，務必要將左右的調整螺絲都調整到相同的位置。另外，兩邊的固定螺帽也要以相同的力道鎖緊。

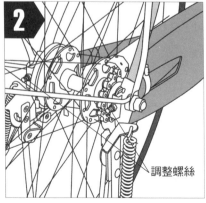

調整螺絲

後輪的齒輪部分具有調整的螺絲。當鏈條頻繁脫落時，就要進行調整。

鏈條運轉狀況不佳

塗抹潤滑油

需 要 的 物 品

其他

難 易 度　　★

噴上鏈條用潤滑油

鏈條上塗有潤滑油以確保運轉順暢。當潤滑油乾掉時，鏈條就會生鏽，同時容易脫落，而踏板也會變得比較沈重，因此要定期保養。拆掉鏈條罩後面的部分，一邊轉動踏板，一邊噴上專用潤滑油。

3

注意不要噴到煞車上

一隻手轉動踏板，同時噴上潤滑油，讓潤滑油平均散佈到整個鏈條上。

1

用螺絲起子鬆開鏈條罩後部的螺絲。

CHECK POINT!　噴霧式比較方便

市面上有販售鏈條專用的潤滑油。如果只能看見一部份的鏈條，可以一邊轉動踏板，一邊將潤滑油噴到全部的鏈條上。此外，如果只考慮作業效率，也是噴霧式的比較方便。

●所需物品——鏈條用潤滑油（可在大賣場購買）

2

鬆開螺絲後，拆掉鏈條罩，讓齒輪部分完全露出。

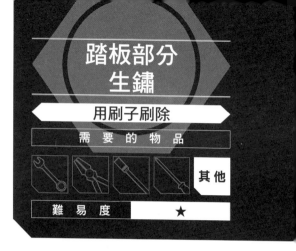

踏板部分生鏽

用刷子刷除

需要的物品

其他

難易度 ★

用潤滑劑除鏽

支撐踏板的部分為金屬製，因此經常會有生鏽的狀況產生。這個部分生鏽時，可以用潤滑劑融化鏽斑，然後再用刷子刷除。使用過潤滑劑的部位只要用較柔軟的尼龍刷，就可以輕易將鏽刷除。

用刷子就可將潤滑劑溶解出來的鏽斑刷除，最後再用布擦乾。

在生鏽的部位噴上潤滑劑，放置一會兒，等到鏽斑被溶解。

CHECK POINT! 稍微使力地刷

就算鏽斑被潤滑劑溶解，也不會直接掉落。所以要使用刷子刷掉，但如果不稍微使力刷，還是經常會有刷不乾淨的狀況。另外，當生鏽狀況嚴重的部位，有時候也可以使用金屬製的刷子刷洗。不過，這時只要將表面的鏽斑刷掉就可以了，等鏽斑大多處理好後，就要改用柔軟的尼龍刷子。

●所需物品──潤滑劑

放置一段時間後，用尼龍刷將鏽斑刷除。

128

輪胎沒氣

更換細橡皮管

需要的物品

其他

難易度　★

拆除細橡皮管

　輪胎的空氣注入孔為氣閥，氣閥裡有細橡皮管，它的作用是要防止空氣逆流漏出。鬆開氣閥環，細橡皮管就在裡面，可以用手捏著拉出並更換。細橡皮管的平均壽命約為三年。

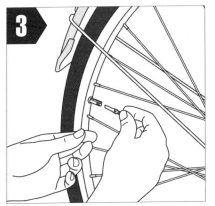

3

更換防止空氣漏出的細橡皮管後，最後再重新幫輪胎打氣。

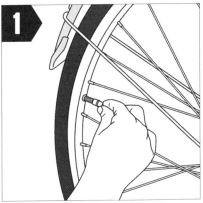

1

拆除裝在氣閥上的氣閥蓋。

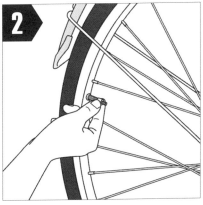

2

轉動氣閥的橡皮環，當完全拆除時，空氣就會漏出。

CHECK POINT!

何時應更換細橡皮管

　細橡皮管是防止空氣逆流的重要零件。這個部分在長時間使用後會劣化，即使沒有爆胎，空氣還是會從輪胎漏出。另外，在爆胎的狀態下持續騎乘時，細橡皮管也會受損。如果長時間沒有更換時，就要換新的。

●所需物品──細橡皮管（可在大賣場、腳踏車店購買）

輪胎
爆胎

在內胎貼上橡膠片

需 要 的 物 品

其他

難 易 度　★ ★ ★

在水裡尋找爆胎的位置

將輪胎打氣的氣閥環拔掉，將空氣完全放出。然後，用螺絲起子將輪胎從輪圈移開，這樣就可以拿出內胎。將空氣注入內胎，然後放到水裡，就可以找到爆胎的位置。

3 檢查所有地方

將空氣灌入內胎，放入水裡。有氣泡冒出的地方就是爆胎的位置。

1

拆除氣閥部分的蓋子、氣閥環、細橡皮管，將空氣完全放掉。

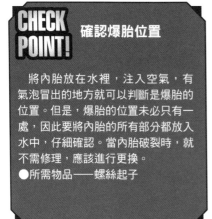

CHECK POINT!
確認爆胎位置

　將內胎放在水裡，注入空氣，有氣泡冒出的地方就可以判斷是爆胎的位置。但是，爆胎的位置未必只有一處，因此要將內胎的所有部分都放入水中，仔細確認。當內胎破裂時，就不需修理，應該進行更換。

●所需物品——螺絲起子

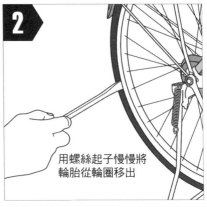

2

用螺絲起子慢慢將輪胎從輪圈移出

使用螺絲起子，將輪胎移開輪圈，從裡面取出內胎。

磨平內胎的凹凸不平

找到爆胎位置後，就用研磨機對準該部位，將內胎表面的凹凸不平都磨平。將內胎磨平這個步驟，可以提升橡皮片的黏著力。當我們手邊沒有研磨機時，就不得不省略這項程序，但橡皮片的黏著力會變差。使用市售的修補工具組時，則可以使用較細的砂紙等來取代研磨機。

用專用橡皮片（補胎片）修補破洞

內胎表面處理完後，就用黏著劑將橡皮片貼到破洞上。等黏著劑完全乾了，再將內胎放回輪胎裡面。這時候，插入氣閥部分的洞會在輪圈，因此要事先對準再放進去。放入內胎，將輪胎嵌入輪圈後，爆胎修補的作業就完成了。

注意介於輪胎與輪圈之間的氣閥位置，小心地將內胎放回去。

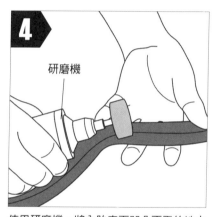

研磨機

用手進行作業

使用研磨機，將內胎表面凹凸不平的地方磨平。

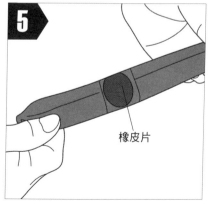

橡皮片

在破洞上塗抹黏著劑，放上修補用橡皮片黏住。橡皮片的尺寸要比破洞的面積大一些。

CHECK POINT! 務必要用手作業

將內胎放回原處，這是需要熟練度的作業。最後有人會因為輪胎太硬，無法用手放回去，而想要改為用一字起子作業，但請不要這麼做。這是為了要避免損傷輪胎，或者再度損壞已經修補的破洞。

●所需物品——補胎工具組（大約80元起，可在大賣場、腳踏車店購買）

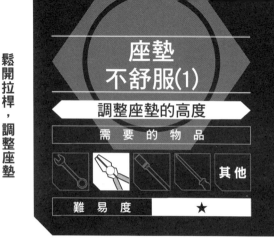
鬆開拉桿，調整座墊

將座墊下方的拉桿拉起，往逆時針方向鬆開，就可以調整座墊的高度。一般會用拉桿固定座墊的支架部分，讓座墊不能移動，因此要將這裡鬆開。作業時不需要完全鬆開，只要到可以拿著座墊移動調整的程度就可以了。

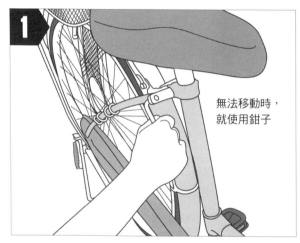

無法移動時，就使用鉗子

將收納式的拉桿拉出，往逆時針方向旋轉，就可以調整座墊的高度。不過，如果一開始就轉不動，且一直轉不開時，可以用毛巾包住鉗子來轉動，這樣才不會損傷拉桿。

CHECK POINT!

適合身高的調整

　　座墊高度需配合騎乘者的身高來進行調整，坐上座墊時，兩腳的腳尖最好可以碰到地面。另外，當踏板踩到底時，膝蓋要能完全伸展，這樣才可以輕鬆地騎乘。調整座墊高度找出騎乘最有效率的位置是很重要的。另外，除了高度之外，也要確認座墊是否有朝向行進方向。

轉動拉桿後，將座墊拉高。如果很難拉動，就試試看邊左右轉動邊拉高。

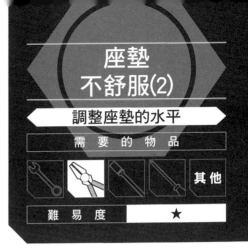

座墊
不舒服(2)

調整座墊的水平

需 要 的 物 品				
				其他

難 易 度	★

以輕鬆的姿勢騎乘

座墊內側除了有調整高度的拉桿外，還有調整水平的螺帽。鬆開這個螺帽，就可以調整座墊的水平位置。當踩動踏板時，只要屁股不會前後移動又可以輕鬆踩踏板時，就是已經調整到最佳水平。

調整後，坐上座墊，再一次確認螺帽有沒有鬆掉。

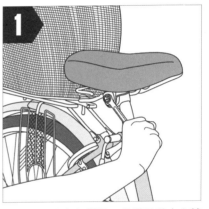

將梅花扳手套上螺帽，往逆時針方向轉動，調整座墊的水平。

緊緊握住座墊的前後部位，將座墊調整到最適當的位置。

CHECK POINT!
邊騎邊調整

座墊的水平會因為個人的騎乘方式與身材而有不同的最佳位置。基本上，座墊要與地面平行，但因個人偏好不同，有時會稍微往前或往後傾斜。首先，調整到大致的位置，再實際坐上座墊，找出最容易騎乘的位置，最後再固定。只要在騎乘中有些微的不舒服，就表示座墊沒有調整好。

第三章

腳踏車 坐墊不舒服(1)／坐墊不舒服(2)

133

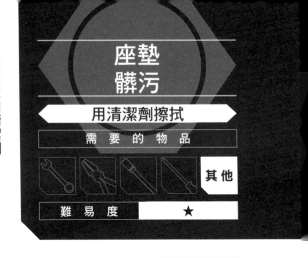

座墊髒污

用清潔劑擦拭

需要的物品

				其他

難易度	★

使用家用清潔劑

腳踏車的座墊髒污時，可以用家用清潔劑清洗。由於座墊是塑膠製的，所以要在濕布上沾家用清潔劑來擦拭。當髒污很嚴重時，或已經形成頑垢時，也可以將清潔劑直接倒到座墊上擦拭。

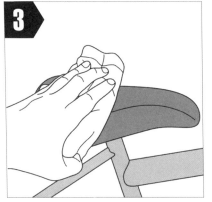

最後用沒有清潔劑的濕布擦拭，直到沒有清潔劑殘留。

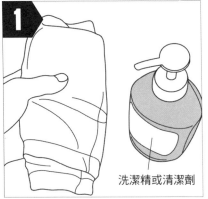

將家用清潔劑倒到濕布上。也可以使用洗潔精。

洗潔精或清潔劑

CHECK POINT!

頑垢用除水垢清潔劑很有效

當家用清潔劑無法清除白色座墊上的髒污，而髒污又很明顯時，用除水垢清潔劑也很有效。取少量放在乾布上，集中擦拭髒污的部位。如此一來，清潔劑無法去除的污垢也能去除。除水垢清潔劑也可以使用量販店販售的汽車用水垢清潔劑。不過，這類清潔劑可能會有褪色的問題。

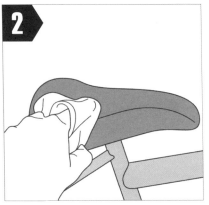

用抹布包住食指，重點式地擦拭髒污的部分，這樣比較有效率。

支架
狀況不佳

噴潤滑劑

需要的物品

其他

難 易 度	★

彈簧發出怪聲就是警訊

腳踏車的支架有使用到彈簧。這個彈簧在長期使用後會生鏽，開始發出嘎吱嘎吱的怪聲，這時候，要噴上潤滑劑，使其使用順利。如果是彈簧本身的損壞，就只好更換新品。

噴好潤滑劑後，將支架上下移動兩、三次，確認可以順利動作。

彈簧生鏽後，會在每次使用時發出刺耳的怪聲，因此要噴上潤滑劑。

CHECK POINT!

動作不順暢時

即使使用支架時的怪聲音消失了，彈簧的動作還是不順暢，或者很難自動歸位時，就該考慮是可動部位的油不夠了。這時候，要在彈簧的可動部份噴上潤滑劑來改善。噴潤滑劑時，注意不要噴到煞車上，如果不小心噴到了，就要擦拭乾淨，或者使用煞車清潔劑處理。

如果是左右兩邊都有彈簧的支架，就要兩邊都使用潤滑劑。

第三章

腳踏車　座墊髒污／支架狀況不佳

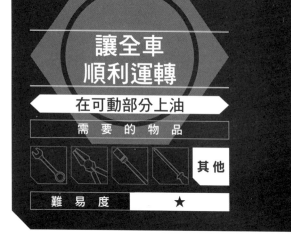

確認上油位置1

腳踏車有許多可動的部分，必須定期上油，保持其動作的流暢。

車主為踏板部分、煞車線、輪軸等上油，除了可以防止生鏽，也可以讓操作變得更輕鬆。如果備有附噴嘴的潤滑劑，就更方便了。

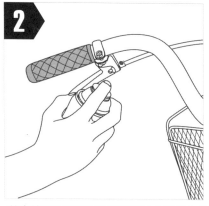

在輪軸上使用潤滑劑。注意不要讓潤滑劑沾到輪圈部分。

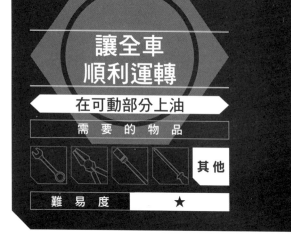

踏板部分雖有軸承，但只要在外表可見的部分使用潤滑劑。

CHECK POINT! 半年保養一次

　正因為腳踏車的結構比較單純，所以平常不需要整日擔心維修的事。不過，如果平常都停在室外，就無法避免水分或灰塵的附著，因此，大約每半年就要檢查各部分，同時上油。如果有怪聲或運轉不順暢，首先要確認是什麼問題。並判斷是要上油改善，或者進行修理。

煞車線的根部與固定煞車桿的金屬部分都要使用潤滑劑。

確認上油位置2

用來調整座墊高度的拉桿、以及裝有座墊支架的車框內部都要使用潤滑劑保養。使用潤滑劑後，要動一動座墊調整拉桿及座墊支架部分，讓油平均散佈後再固定。

煞車的支點部分要從螺帽側使用潤滑劑，以平行的方式噴射，但不要噴到輪圈。潤滑劑會垂直流下來，而潤滑劑當附著在檔泥板上面時，要用乾布擦拭，注意不要任其流到煞車皮。

為了不讓潤滑劑沾到滾輪部分，在替發電機噴潤滑劑時，噴罐要非常靠近發電機，並分數次噴灑。因此，上油時的重點是要以怪聲消失、或者運轉順暢為目的。當上油也無法改善運轉狀況時，就可以判斷是需要修理了。

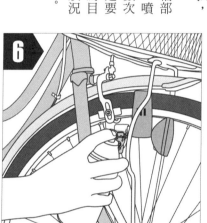

6

為了讓多餘的潤滑劑不沾到發電機的滾輪部分，要分成數次噴灑。

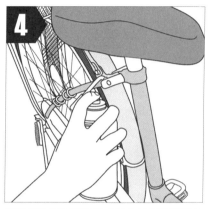

4

座墊部分要將潤滑劑噴灑在拉桿附近與有座墊支柱的車框內部。

CHECK POINT!　裝上噴嘴後再使用潤滑劑

有些部位在使用潤滑劑時，都有其限定的噴灑位置，如煞車周邊等，這時候，最好在噴式的潤滑劑上裝上噴嘴。市售的潤滑劑幾乎都有附噴嘴，可以依需要加以使用。

●所需物品——潤滑劑（可在大賣場購買）

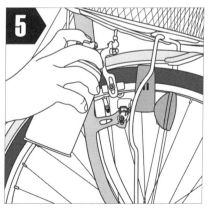

5

在煞車的支點進行潤滑劑噴灑作業時，須注意不要讓潤滑劑垂直流到煞車部分。

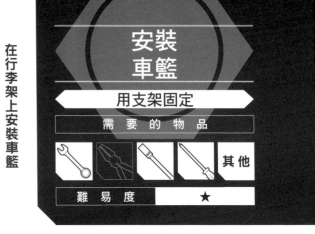

安裝車籃

用支架固定

需 要 的 物 品

				其他

難 易 度	★

在行李架上安裝車籃

在行李架上安裝車籃時，要使用專用支架，並用螺絲、螺帽固定。將要安裝的車籃放到行李架上，決定大致的安裝位置。

注意不要讓車籃碰到騎乘者的身體。然後，對準專用的固定用支架與車籃底面，用螺絲、螺帽固定。

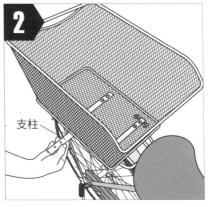

尋找車籃安裝位置，注意不可在騎乘中影響到騎乘者，然後放到行李架上。

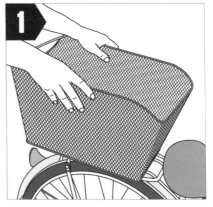

支柱

準備車籃固定用的專用支柱，以上下夾住車籃底面與行李架的支柱的方式設置。

安裝車籃的螺絲與螺帽有好幾個，確認數量是否符合。

CHECK POINT!

螺絲與螺帽的上下位置是固定的

安裝車籃的螺絲與螺帽為兩個一組，安裝時，有上下的固定位置。螺絲要從上方插入，螺帽要從下方套入。如果將螺絲與螺帽的上下位置顛倒，只要燒一振動，螺帽就會脫落，螺絲會掉到地上，而車籃也會從腳踏車本體脫落。此外，螺絲在上方的作業當然也是比較簡單的。

與支架一起牢牢固定

確認車籃與支架的位置後，鎖上附屬的螺絲與螺帽。首先由上方插入螺絲，並從下方套上螺帽，然後轉動螺絲鎖緊。

有時在轉動螺絲時，螺帽也會同時轉動，這時候，就用手指壓著螺帽，用螺絲起子轉，或者用梅花扳手等將螺帽固定住。

確認騎乘舒適後再固定

在行李架上安裝車籃時，如果車籃放太前面，就會讓騎乘者感到緊迫不適，因此在完全鎖緊螺絲前，要先坐上腳踏車，確認一下位置。如果在踩動踏板的狀態下，車籃不會卡到背部，安裝位置就沒問題了。接著就是取得車籃的左右平衡，鎖上螺絲作業就結束了。

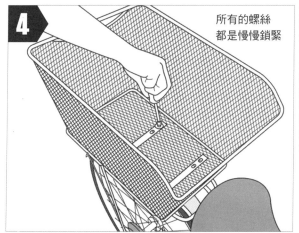

4 所有的螺絲都是慢慢鎖緊

鎖緊支架與車籃的螺絲時，全部的螺絲都要平均地鎖緊。如果只集中鎖緊一個螺絲，會因為受力不均，而使其他地方翹起來。如此一來，車籃和支架就會變形，甚至會讓最後一根螺絲無法完全鎖緊。由於車籃並不重，因此更需要將所有的螺絲平均地鎖緊。

CHECK POINT! 取得平衡後再安裝

後車籃是要放行李的，因此在安裝時，要考慮到左右的平衡。放重物時，如果車籃歪斜，可能會讓騎乘者在騎乘中失去平衡。因此，安裝時要從正上方檢查左右是否平均放置。
●所需物品──車籃（大約150元起，可在大賣場、腳踏車店購買）

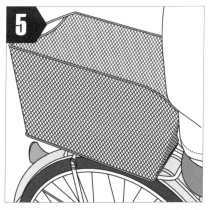

5

完全固定車籃前，先騎上車，確認車籃會不會卡到身體。

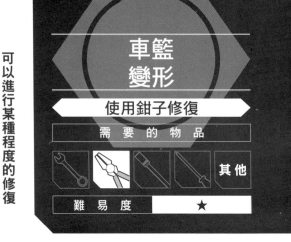

車籃
變形

使用鉗子修復

需要的物品

其他

難易度　★

可以進行某種程度的修復

腳踏車用的車籃的堅固性不大，因此有時候會變形。但如果只是些微的變形，就可以修理。

先用自己的腿夾住前輪將車頭固定住，就可以直接靠手的力量修正變形的車籃。這時候，注意不要太過用力。

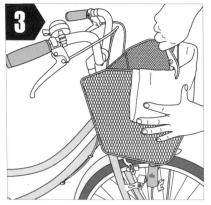

當彎曲的地方有尖銳的角時，就用毛巾或布包住，再用鉗子等進行修復。

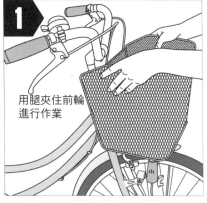

用腿夾住前輪

用腿夾住前輪，固定車頭後，再進行作業。

CHECK POINT!
確認可以修理的狀況

修理車籃的變形時，如果是網子部分裂開，或者完全扭曲變形，那最好是更換新的。因為，如果金屬製成的車籃出現90度以上的彎曲變形，那麼即使勉強修理，也會變得不牢靠。另外，當固定用的金屬零件損壞時也相同，只要焊接部分剝落了，就不用再修理，直接換新的比較好。

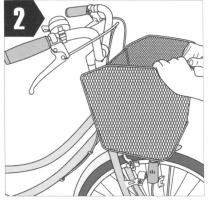

用手握住變形的部位，然後施力。如果是網子的部位變形，就不需要太用力。

行李架搖晃不穩

將固定部位鎖緊

需要的物品

其他

難易度　★

固定方法為螺栓與螺帽

行李架在座墊後方是以螺栓與螺帽固定的。行李架與檔泥板、停車支架三者共同固定於後車輪中心的螺帽上。當螺帽或螺絲鬆弛時，行李架都會開始搖晃。在固定部分完全脫落前，要將所有的螺絲與螺帽都再鎖緊一次。

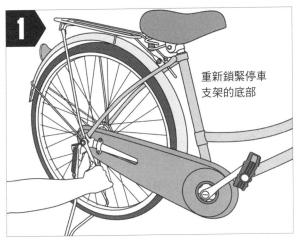

重新鎖緊停車支架的底部

只要看一下停車支架的底部，就可以知道那些是固定行李架的螺帽及螺絲。依照固定位置的不同，螺帽的大小也會改變，因此要使用適合的梅花扳手、普通扳手及螺絲起子再鎖緊。如果螺帽及螺絲遺失，就要購買同尺寸的，進行更換。

CHECK POINT!
螺絲與螺帽要使用相同尺寸

脫落的螺帽及螺絲要補充更換新的時，要選擇長度、大小都和原來一樣的。如果螺絲直徑太大，就無法放入固定孔裡。如果太短，螺帽就套不上去。因此，要先確認尺寸再購買。
●所需物品——螺絲類（可在大賣場購買）

將各固定部分的螺絲與螺帽再鎖緊後，用手搖一搖，確認行李架的狀況。

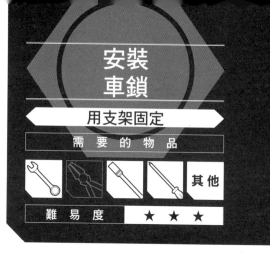

安裝車鎖

用支架固定

需要的物品

				其他

難易度	★ ★ ★

對準車鎖的位置

如果車鎖要安裝在後輪時，就要將車鎖本體部分固定在車框上。首先，確認要安裝的位置。位置決定後，用螺絲起子鎖緊固定螺絲，並在安裝後確認能否使用。

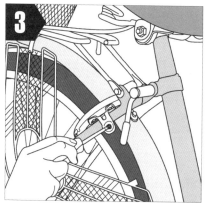

確認車鎖的安裝位置後，用螺絲緊緊固定。

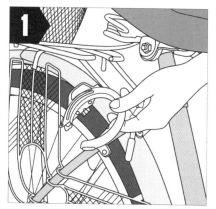

作業前先確認車鎖要的安裝位置、安裝方向。

確認沒有障礙物後，將車鎖插入後輪部分。

CHECK POINT! 在安裝後確認能否使用

作業後，實際鎖看看。這時要確認車鎖部分有沒有與哪裡接觸到，以及在解除車鎖時，能否順利行進。依據車款不同，有時會出現零件卡住車輪的狀況。這時候，必須更換車鎖的款式。

●所需物品——車鎖（可在腳踏車店購買）

拆除輔助輪

鬆開螺帽

需 要 的 物 品

				其他

難 易 度	★ ★

拆除固定於後輪的螺帽

裝在兒童腳踏車上的輔助輪會隨著兒童的成長而面臨必須拆除的時刻。由於輔助輪是用固定車軸的螺帽和車軸固定在一起，因此，要先將那個螺帽拆掉。然後，拆除輔助輪，最後再鎖上螺帽，作業就結束了。為了安全著想，記得要鎖緊一點。

輔助輪和車軸鎖在一起，因此在作業前，必須先確認要拆除的螺帽。

要拆除的螺帽

由於使用的是較大的螺帽，因此要用梅花扳手或套筒扳手鬆開。

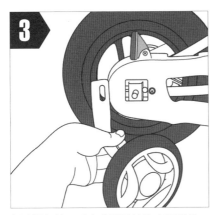

拆除螺帽後，手拿著輔助輪的支架部分，然後拆下。

CHECK POINT!　要確實固定

固定輔助輪的螺帽和支撐後輪中心部分的螺帽是同一個。拆除輔助輪時，要完全鬆開這個螺帽，因此在作業結束後，務必要確認是否已確實鎖緊。如果這個螺帽鬆掉，可能會在兒童騎乘時，發生意外狀況，因此務必要再確實鎖緊。

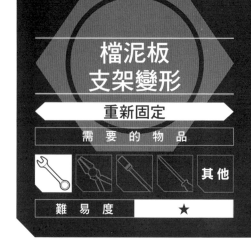

檔泥板
支架變形

重新固定

需 要 的 物 品				
				其他

難 易 度	★

調回原來的位置

因為擋泥板的支架很細，有時會有變形彎曲的狀況發生。其中又以支撐擋泥板的支架與支撐車籃的支架最容易有彎曲的情況發生。當支架彎曲而使擋泥板移位時，就要移動擋泥板，調整支架的位置，使其恢復正常。

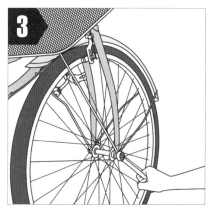

3

修正支架後，將固定的螺帽再鎖緊一點。

1 用手直接移動擋泥板

擋泥板因為支架的彎曲而移位時，就要直接移動擋泥板，調整位置。

CHECK POINT! 調整到不會撞到輪胎的位置

由於支架設置在輪胎附近，一旦變形，就要以調整到不會撞到輪胎的位置為原則。特別是擋泥板等，常會因為支架的變形而撞到輪胎。另外，就算擋泥板沒有撞到輪胎，但在轉動把手時，也經常會接觸到車框，因此，要調整到不會接觸到輪胎與車框的位置。

2 如果是車籃，就移動支柱，進行調整。

如果車籃移位的原因也是支架導致時，就移動支架與車籃，進行調整。

144

更換反光板

使用延長桿

需要的物品

				其他

難　易　度	★　★　★

從擋泥板的內側進行作業

安裝在後輪位置的反光板是從擋泥板的內側用螺帽固定的，梅花扳手等工具無法直接放入，因此，要在棘輪扳手上加上延長桿，才能鬆開螺帽。更換用的反光板可以在腳踏車店購買得到。

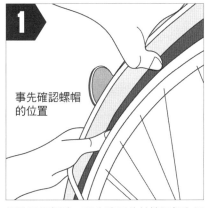

1

事先確認螺帽的位置

拆除反光板時，要先確認位於擋泥板內側的固定螺帽的位置。

2

用棘輪扳手加上延長桿鬆開螺帽。

3

取下螺帽後，從擋泥板拆下反光板。安裝時的步驟和拆除時相反。

CHECK POINT!　在狹窄場所使用的延長桿

使用套筒扳手時，可以處理位於深處的便利工具就是延長桿。只要將延長桿套入棘輪扳手與套筒之間，就可以鬆開位於工具無法進入的位置的螺帽。

●所需工具──延長桿（可在大賣場購買）／反光板（大約50元，可在腳踏車店購買）

本書中介紹了幾種經常發生的問題與狀況，我想在此介紹幾種螺栓無法取下時的解決方法。

● **鎖死螺栓的拆除法(1)**

排氣管部分的螺栓等因為經常暴露在高溫下，經常會生鏽並緊緊固定在零件上。

這時候，要先噴潤滑劑，沿著鎖緊的方向施力一點力，然後再往鬆開的方向用力一轉，就會比較容易拆除。

● **鎖死螺栓的拆除法(2)**

套上梅花扳手轉動也無法拆除的螺栓可以藉著延長工具，讓施力變得更大，這樣就可以拆除。只要將大小適當的鐵管等插入梅花扳手，就可以獲得和延長工具相同的效果。如此一來，在槓桿原理的應用下，從支撐點到施力點的距離會變長，就可以施加更多的力量。

C O L U M N

實用的作業訣竅

● **鎖死螺絲的拆除法(3)**

使用螺絲起子鬆開螺絲時，如果勉強轉動，會使螺絲頭受損。原則上，要先在螺絲上噴潤滑劑，再將螺絲起子以由上往下壓的方式轉動。另外，當螺絲頭完全受損時，也可以把鑽子放進螺絲頭的部分，破壞螺絲本體。

多一道手續，修理作業就會更順利。

第四章

其他

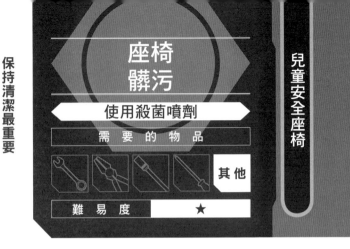

座椅髒污

使用殺菌噴劑

需要的物品

其他

難易度　★

保持清潔最重要

兒童安全座椅會因為沾染汗水、食物殘渣、口水而變髒。清潔的時候，要先將軟墊取下，清除卡在縫隙間的髒東西及食物殘渣。然後，再使用殺菌噴劑處理以恢復清潔的狀態。

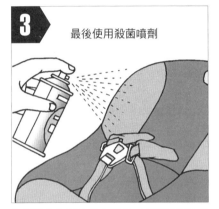

3 最後使用殺菌噴劑

在兒童安全座椅的布部分，毫無遺漏地噴上殺菌噴劑，然後充分乾燥。

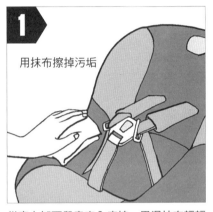

1 用抹布擦掉污垢

從車上卸下兒童安全座椅，用濕抹布輕輕擦拭髒污的地方。

CHECK POINT!

定期拿到車外曬

為了達到安全的目的，兒童安全座椅有固定皮帶，讓嬰幼兒的身體不會隨便移動。因此，在座椅與嬰幼兒的身體緊貼著的部分，會吸入相當多的汗水。雖然有很多產品都有抗菌的設計，但還是要定期將本體拿到車外曬。

●所需物品——殺菌噴劑（大約250元，可在大賣場購買）

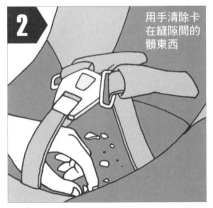

2 用手清除卡在縫隙間的髒東西

如果軟墊可以取下，就將軟墊拆下，然後清除卡在縫隙間的髒東西或食物渣。

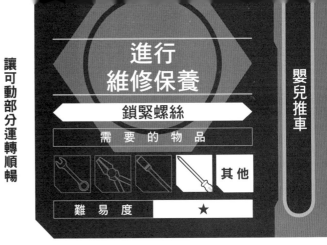

進行
維修保養

鎖緊螺絲

需要的物品

其他

難易度　★

讓可動部分運轉順暢

考慮到安全的問題，嬰兒推車製作得很堅固，只要注意保養，就可以舒適地使用。可動部分要噴上潤滑劑，而螺絲類等則要再鎖緊一點。

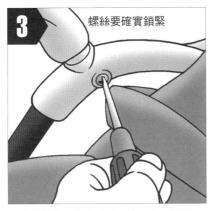

3 螺絲要確實鎖緊

確認螺絲類有沒有確實固定，如果必要，就再鎖緊一點。

1 把手

保護帶

後輪

前輪

嬰兒推車要經常保養，但過度使用潤滑劑會造成髒污，要特別注意。

CHECK POINT! 與其修補，不如買新的

嬰兒推車是嬰幼兒乘坐的工具，大部分的推車都以輕量化為製造目標。再加上，從安全面來看，車體也製造得非常堅固。正因為如此，當有某個部位損壞時，就不建議大家修復。特別是在塑膠部分及固定的五金工具破損時，即使勉強修復，也無法安全地使用，因此，最聰明的作法就是買新的。

●所需物品——潤滑劑

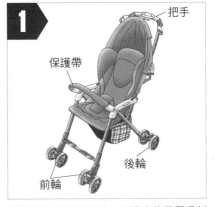

2 讓車輪運轉更順暢

車輪要經常保持再可輕巧轉動的狀態。用手轉動，如果會卡住，就噴潤滑劑。

想工具。但是，準備哪一些工具才會使修理最有效率呢？首先一定要準備齊全的基本工具就是螺絲起子、套筒扳手組、鉗子、扳手組等四種。就算把這些全部買齊，也只要花費一千多元，並不會造成太大的負擔。

要自己修理時，首先需要的東西就是

如果可以再具備六角扳手、活動扳手、榔頭等就更方便了。

如果有這些工具，幾乎可以勝任所有的零件拆裝。如果想進行零件的加工等，有電動研磨機、電鑽等會更方便。這些工具的價格會因製造商、機種、性能的不同而異，但大概都是幾百元起。如果要修理電路系統，就要增加回路計、電工鉗子、烙鐵等工具。

與其一開始就隨意蒐購，不如漸漸補齊作業中所需要的工具，這樣你的工具自然就會逐漸完備。由於這些工具在大賣場都可以買到，如果你不知道該準備什麼工具，就到

要準備哪些工具呢？

視需要逐漸增加工具。

大賣場去逛一圈。

當你的修理知識與技術提昇時，作業也會相對變得複雜，需要的工具也會增加。不過，在享受工具增加的樂趣的同時，你的修理技術也逐漸提升，這樣不也很有成就感。

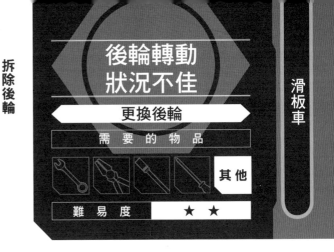

後輪轉動狀況不佳

更換後輪

需要的物品

				其他

難　易　度	★　★

拆除後輪

滑板車可以更換滾輪的部分。滾輪的中心以螺栓固定住，因此要插入六角扳手，將螺栓鬆開。然後就可以更換滾輪。

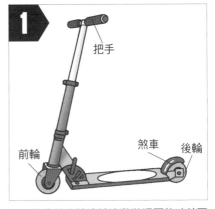

當滑板車的後輪滾輪滾動狀況不佳時就要加以更換。

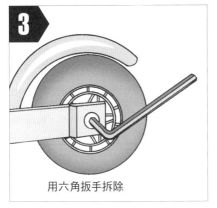

用六角扳手拆除

固定滾輪的螺栓可以用六角扳手拆除。安裝步驟和拆除時相反。

準備新的滾輪

市面上有販售更換用的滾輪，可以事先購買備用。

CHECK POINT! 何時應更換滾輪

當你在磁磚等的平面上使用滑板車時，如果後輪的滾輪發出嘎吱嘎吱的怪聲，或者感覺會振動時，多半可以更換滾輪來改善狀況。由於它的構造很簡單，因此，當目視到滾輪有磨損時就要更換。

●所須物品——修補配件組（可從網路商店購買）／六角扳手

修理搖動的狀況

拆掉輪子

需要的物品

其他

難易度 ★

直排輪

將前後與左右的輪子互換

一旦直排輪的輪子變形，就會變得無法順利滾動。這時我們可以藉由更換輪子的左右與前後順序的方式來改善這樣的狀況，因此，可以試著在既定的位置上幫輪子換位。

1

D　C　B　A

從輪子的磨損狀況來看，內側會比外側更早磨損，而前後的兩個輪子又會比中央的兩個輪子磨損的更快，因此，藉由調換位置的方式，可以讓所有輪子的磨損狀況變得平均。如果從前面將輪子編號為A、B、C、D，那麼，就要將A和C、B和D調換位置。再者，也要調換左右腳的輪子。不過，適時更換的輪子是直徑只有縮小1公分時。

CHECK POINT!　軸承嚴禁水分進入

更換輪子或幫輪子調位時，也要保養滾動部分的軸承。但由於軸承部分是金屬製，如果用水清洗，會很容易生鏽。如果要用水洗，一定要在完全乾燥後，再塗抹潤滑油。另外，有些潤滑劑會對強化樹脂製的輪子造成損傷，要特別注意。

●所需工具──六角扳手

2

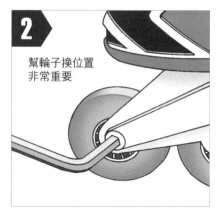

幫輪子換位置非常重要

用扳手鬆開固定各個輪子的螺帽，再替磨損的輪子調換位置。

152

修補
船底

塗裝船底

需 要 的 物 品

其他

難 易 度　★ ★ ★

船

塗裝金屬以外的部分

　　船底的污垢，一般用自來水洗淨即可。等船底乾燥後，用砂紙打磨塗料剝落的部分，然後再塗上船用底漆。等乾燥後，再塗抹船底防污漆就完成了。

3 要考慮到與之前的塗料的搭配

塗完船用底漆後，要先讓它乾燥。然後再避開金屬部位，在船底塗抹船底防污漆。

1

用刮板將牢牢黏在船底的污物及海中生物仔細清除掉。

CHECK POINT!　使用塗料注意事項

　　塗抹船底的塗料一定要使用可以覆蓋原來的塗料的產品。當之前的塗裝太厚，表面因為塗裝而顯得凹凸不平時，就要確實將先前的塗裝清除，並用砂紙磨平。由於塗料會使金屬生鏽，因此不要塗裝在金屬部位。
●所需工具──砂紙、船用底漆、船底防污漆

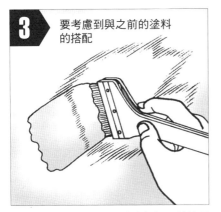

2　砂紙

用砂紙研磨塗料剝落的地方。油性塗料要用溶劑去除。

安裝座椅

用六角扳手鬆開

需要的物品

其他

難易度　★　★　★

決定位置後再安裝

小型賽車的座椅是用六角螺栓固定在從車體延伸出的支架上。只要用六角扳手鬆開這個螺栓，就可以拆除座椅。座椅的安裝位置會因駕駛者而異。

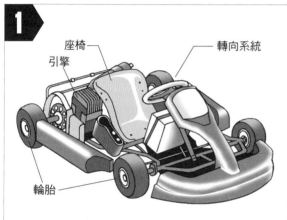

1

座椅
引擎
轉向系統
輪胎

小型賽車的座椅一般會從座面固定兩點，並在側面固定四點。新的座椅並沒有安裝用的孔，因此可以配合駕駛者的喜好鑽孔。鑽孔時要使用鑽子。在最適當的位置上鑽孔後，再安裝到本體上。零件有螺帽、墊圈、軸環、螺栓。

CHECK POINT! 諮詢專門店

小型賽車的座椅需要配合身材，並將座椅安裝到最適當的位置，這一點是最重要的。由於只要稍微改變安裝位置的高度及前後，就可以提升速度，因此也可以說是設定的一部份。第一次安裝時千萬不要馬虎，最好去專門店諮詢，或者尋求賽車前輩的建議，然後再決定位置。

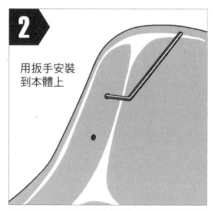

2

用扳手安裝到本體上

對準座椅孔與支架的位置，用六角扳手鎖緊螺栓。

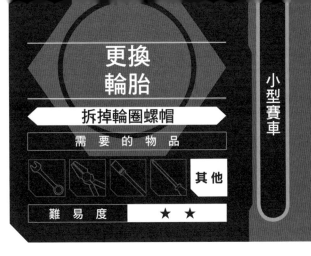

更換輪胎

拆掉輪圈螺帽

需要的物品

其他

難易度　★★

只需使用六角扳手

小型賽車的輪胎構造和一般的車輛相同，都是用輪圈螺帽固定的。拆掉螺帽，將車輪往前拉，就可以拆除。

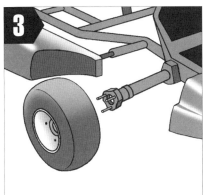

輪圈螺帽全部拆下後，用兩手拿著輪胎，往前拉出。

將車輪放到插在輪軸的車輪架上，然後用輪圈螺帽固定。

輪圈螺帽可以用較大的六角扳手鬆開或者鎖緊。

CHECK POINT!　鎖緊螺帽的力道要平均

輪胎是用好幾個輪圈螺帽固定的。安裝時，不要一個一個地用力鎖緊，要先將輪圈裝到車輪架上，然後再儘量用手轉動所有的螺帽到轉不動為止。接著，就用六角扳手依序鎖緊。但不要只鎖緊一個地方，而要慢慢地將所有的螺帽都鎖緊。

●所需工具──六角扳手

現在幾乎家家戶戶都有電腦。如果你的電腦可以上網，在準備進行修理作業前，就可以好好運用網路。舉例來說，在要購買工具及修補材料，或者想要更瞭解修理步驟時，網路是非常方便的。

特別是在想購買某些物品時，只要利用網路商店，就可以降低你的修理費用。不過，如果想立即拿到商品、想要親自確認商品、或者想聽取店家意見時，還是應該要到專賣店購買。另外，如果不是要修理，而是要連零件一起更換時，不使用新品，而使用同款的中古零件時，也可以利用網路降低費用。這種中古零件也稱為環保零件，專門販賣檢修完畢的產品的業者會在網拍上刊登許多這種產品。

如果你動手修理的目的是要降低成本，那麼，這種網拍就有很大的利用價值。特別是在修理機車及汽車時，如果你委託經銷商

COLUMN

聰明使用網路

使用網路就可以輕鬆購買，非常方便。

或店家修理，經常會遇到他們沒有賣你需要修理的那個零件，而必須購買整組更換。

如果是網拍，連平常沒有單一販售的零件也可以只購買一個，這就是它的優點。希望大家可以善用網拍，大幅降低所需成本。

156

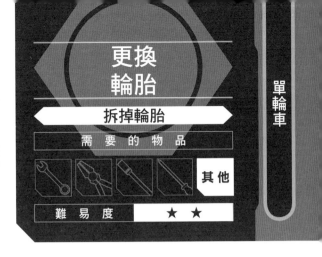

更換
輪胎

拆掉輪胎

需 要 的 物 品

				其他

難 易 度	★ ★

需更換的只有輪胎

單輪車是由坐墊、車架、踏板、輪胎所構成的。支撐輪胎的部分有固定用的螺帽，只要鬆開它，就可以更換輪胎。

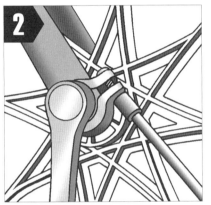

由於螺帽朝下，要使用延長桿和套筒扳手。

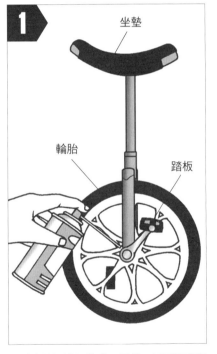

坐墊

輪胎

踏板

單輪車的構造很簡單，因此，不需那麼頻繁地保養及維修。只要平常有定期保養，會損壞的零件也會減少。為了防止金屬部分生鏽，使用完後，要放在室內保管，並在可動部分上油，這樣就可以隨時順利地使用。

CHECK POINT! 爆胎的修補方法

單輪車所使用的輪胎裡面有內胎。當內胎有破洞，就會爆胎，而其修補方式和腳踏車的爆胎修理方式完全相同。從輪胎取出內胎，把破洞補起來，然後再打氣。也可以到腳踏車店修理。

●所須物品──輪胎（可在腳踏車店購買）

修理用語解說

【調整鈕】

調整裝置的總稱。在汽車、機車、腳踏車上，需要微調的部分大多採用調整鈕。在靠鋼索產生作用的部分，會安裝調整鈕，藉以調整長度及鬆緊度。除了鋼索以外，還有螺栓式的。

【遊隙】

以機車的煞車為例，即使握緊煞車桿，也不會產生煞車作用的範圍就稱為遊隙。如果調整到沒有遊隙的程度，只要稍微動到煞車桿，煞車就會立即作用，這樣會很危險。

【凹槽】

為了將零件組合在一起，而做出孔或溝狀的狀態。凹槽使用在許多部位，其中最具代表性的就是頭燈的燈座部分。把小突起（稍微突出的部分）放入凹槽內，就可以固定零件。

【潤滑油】

在所有潤滑劑中，黏度是最高的。成分是在礦油中加入金屬皂，因此會呈現類似牙粉的狀態。平常會使用於門的鉸鍊部分以及會轉動的金屬軸部分。由於不是液體，附著力很高。

【經年劣化】

距離製造完畢已經有一段時間，材質本身的堅固度變弱。頻繁使用的部分容易出現經年劣化的情況，像塑膠部分有裂痕、破裂等，都是最典型的症狀。另外，金屬部分也會因為磨損而無法正常運作，這也屬於經年劣化的一種。

【連接器】

接續電路系統的零件時，一般使用於電線接合部分的一種零件。經常被當成和接頭使用。通常以有針狀突出的零件和連接該突出物的零件為一組。拆除連接器，就表示要讓這個連接的部分分開。也有些接頭沒有固定用的鉤爪。

【研磨用】

研磨用品有各種種類，本書所使用的研磨用品是指研磨劑。在去除

細微的傷痕時所使用的液體研磨用品中有加入細微的研磨劑，利用這個進行研磨，可以讓表面出現光澤。

【螺帽】

與螺栓搭配，用於鎖緊固定的金屬零件。大多為六角形，中心的內側有螺旋狀的溝槽，只要將這個部分放入螺栓並轉動，就可以夾住物品並固定。其他還有袋型螺帽、翼型螺帽等。

【螺紋磨損】

使用比一般尺寸還要大的工具時，總會磨損螺栓頭部的稜角造成損壞。一旦螺栓頭磨損，即使後來使用大小適當的扳手，也無法轉動稜角，這樣就無法鬆開螺栓。

【氣閥】

「Bulb」和「Valve」的讀音相似，但「Bulb」是指燈泡，而「Valve」是指氣閥。以汽車來說，主要使用於頭燈的燈泡就是「Bulb」。而輪胎的打氣孔等就是「Valve」。

【鉸鍊】

平常使用於門的鉸鍊。這裡指無法上下活動，但能夠轉動的接合部分的接點或支點。以汽車來看，會使用於各車門的安裝部分及手套箱被固定住的部分。材質有金屬和塑膠兩種。

【螺栓】

在有螺旋狀溝槽的金屬棒上裝上頭部。為了與螺絲做區別，本書將頭部平坦，需用梅花扳手及套筒扳手轉動的稱為螺栓。

【維修保養】

為了在駕駛汽車及騎乘機車時保持最佳狀況而做的檢查、保養就統稱為維修保養。更換零件及修理、修補也屬於維修保養的一部份，但檢查各部分是否出問題也是一種很重要的維修保養。

【儲備槽】

儲存油品的容器總稱。儲存煞車油、方向機油、冷卻液等的地方全部都稱為儲備槽。

國家圖書館出版品預行編目資料

圖解交通工具修理DIY / 阿部よしき作 ; 陳玉
　華譯. -- 初版. -- 臺北縣新店市 : 世茂,
　2008.03
　　面 ; 公分. -- (科學視界 ; 81)

　　ISBN 978-957-776-905-3(平裝)
　1. 汽車維修 2. 機車 3. 腳踏車

447　　　　　　　　　　　97002244

科學視界 81

圖解交通工具修理ＤＩＹ

監 修 者／阿部よしき
翻 譯 者／陳玉華
總 編 輯／申文淑
責任編輯／陳佳敏
出 版 者／世茂出版有限公司
發 行 人／簡玉芬
登 記 證／局版臺省業字第564號
地　　址／(231)台北縣新店市民生路19號5樓
電　　話／(02)2218-3277
傳　　真／(02)2218-3239　(訂書專線)
　　　　　(02)2218-7539
劃撥帳號／19911841
戶　　名／世茂出版有限公司
　　　　　單次郵購總金額未滿500元（含），請加50元掛號費
酷 書 網／www.coolbooks.com.tw
排　　版／江依坪
製　　版／辰皓國際出版製作有限公司
印　　刷／世和彩色印刷公司
初版一刷／2008年4月
　　三刷／2015年7月

定　　價／220元
ＩＳＢＮ／978-957-776-905-3

NORIMONO WO SHYURI SURU HON
© YOSHIKI ABE 2005
Originally published in Japan in 2005 by THE WHOLE EARTH PUBLICATIONS CO., LTD.
Chinese translation rights arranged through TOHAN CORPORATION, TOKYO.

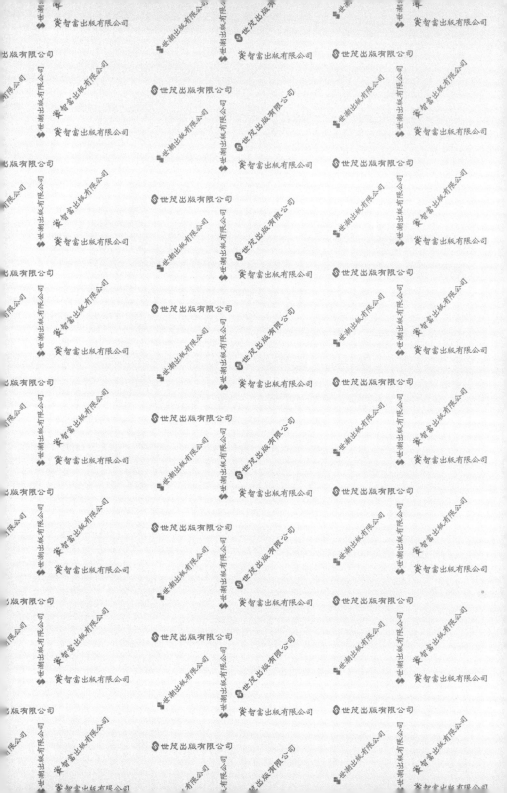